馴字的人

寒冬未盡的紙本書出版紀事

目錄

わら一本の革命
一根稻草的革命
福岡正信

LEWIS CARROLL
ORIGINAL ILLUSTRATIONS BY
JOHN TENNIEL
解說
愛麗絲漫遊奇境

給下一輪太平盛世的
備忘錄
伊塔羅・卡爾維諾◎著
MASTERPIECE

單車失竊記
The Stolen Bicycle
吳明益

浮
光
吳明益・寫於攝影

福岡正信
無
Ⅲ實踐篇
自然農法

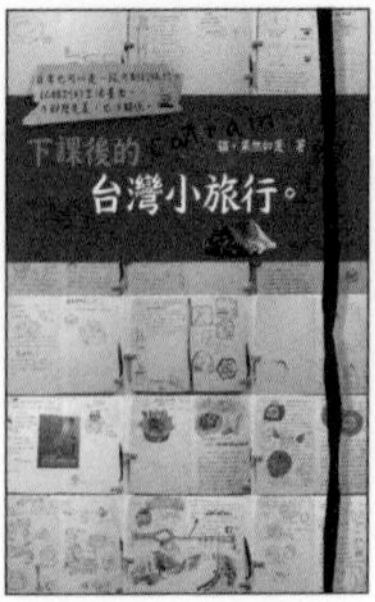
下課後的
台灣小旅行。

MOI
J'ATTENDS...
我等待…

地球
使用者的
樸門手冊
earth user's guide to Permaculture
Rosemary Morrow

附錄

四個不同《愛麗絲漫遊奇境》版本中的「尾巴故事」原圖。
（圖說取自《解說愛麗絲漫遊奇境》，146－149頁。）

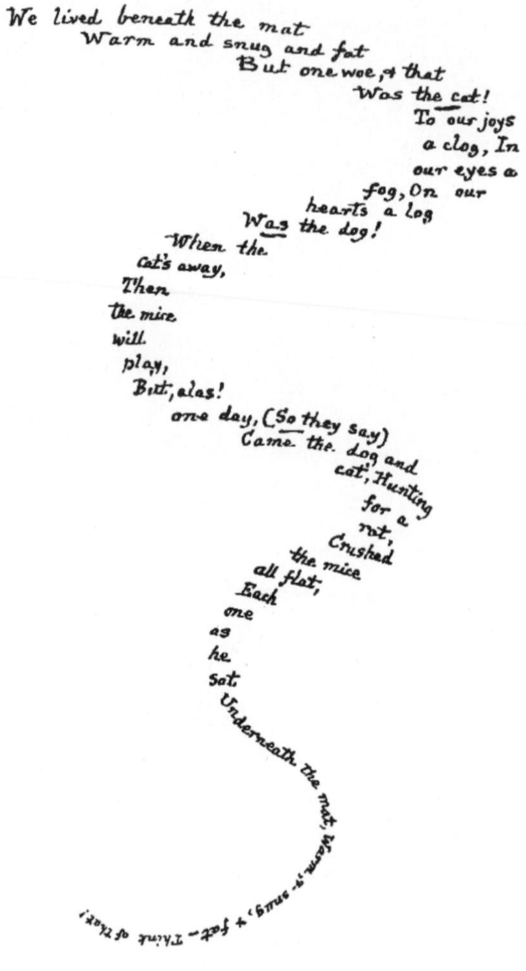
We lived beneath the mat
Warm and snug and fat
But one woe, & that
Was the cat!
To our joys
a clog, In
our eyes a
fog, On our
hearts a log
Was the dog!
When the
cat's away,
Then
the mice
will
play,
But, alas!
one day, (So they say)
Came the dog and
cat, Hunting
for a
rat,
Crushed
the mice
all flat,
Each
one
as
he
sat
Underneath the mat,
Warm & snug, & fat—Think of that!

圖一：《地下奇遇記》的尾巴故事形狀。

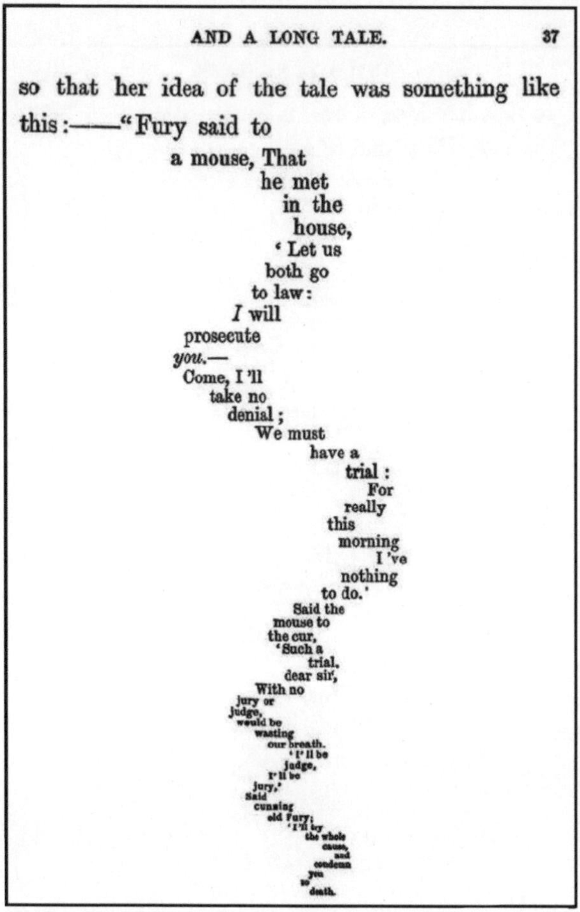

AND A LONG TALE. 37

so that her idea of the tale was something like this:——"Fury said to
a mouse, That
he met
in the
house,
'Let us
both go
to law:
I will
prosecute
you.—
Come, I'll
take no
denial;
We must
have a
trial:
For
really
this
morning
I've
nothing
to do.'
Said the
mouse to
the cur,
'Such a
trial,
dear sir,
With no
jury or
judge,
would be
wasting
our breath.
'I'll be
judge,
I'll be
jury,'
Said
cunning
old Fury;
'I'll try
the whole
cause,
and
condemn
you
to
death.

圖二：《愛麗絲漫遊奇境》1865年首版的尾巴故事形狀。

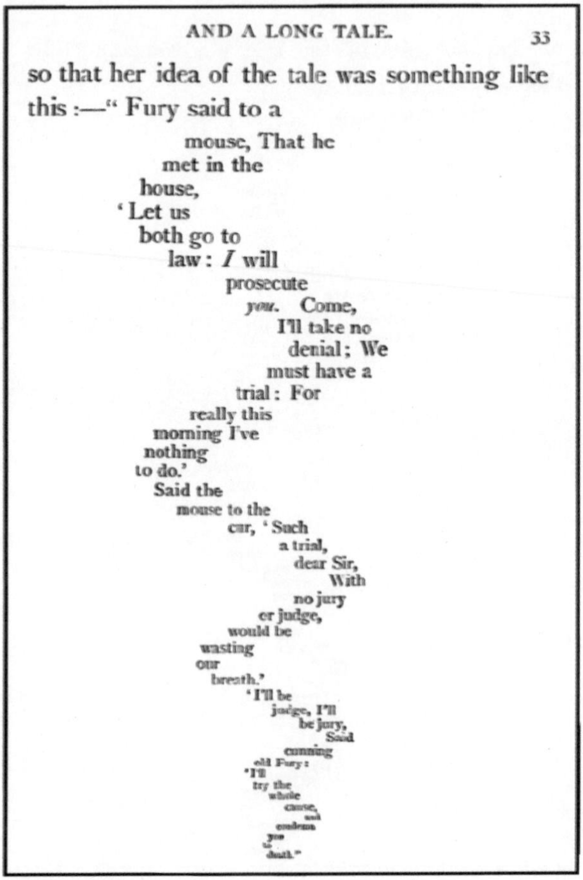
AND A LONG TALE. 33

so that her idea of the tale was something like
this :—“ Fury said to a
mouse, That he
met in the
house,
‘ Let us
both go to
law : *I* will
prosecute
you. Come,
I'll take no
denial ; We
must have a
trial : For
really this
morning I've
nothing
to do.’
Said the
mouse to the
cur, ‘ Such
a trial,
dear Sir,
With
no jury
or judge,
would be
wasting
our
breath.’
‘ I'll be
judge, I'll
be jury,
Said
cunning
old Fury :
‘I'll
try the
whole
cause,
and
condemn
you
to
death.”

圖三：《愛麗絲漫遊奇境》People’s Edition 的尾巴故事形狀。
（取自 1898 年版）

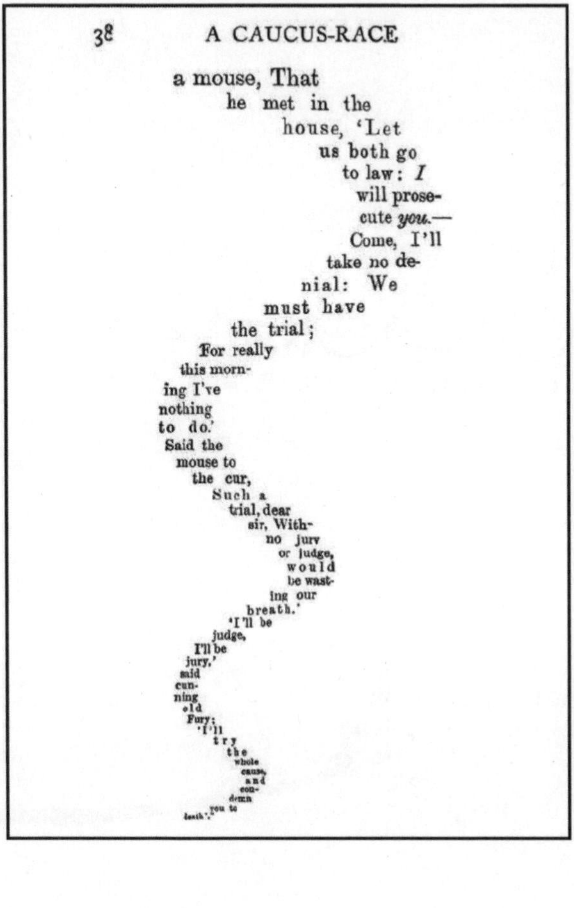
38 A CAUCUS-RACE

a mouse, That
he met in the
house, 'Let
us both go
to law: *I*
will prose-
cute *you.*—
Come, I'll
take no de-
nial: We
must have
the trial;
For really
this morn-
ing I've
nothing
to do.'
Said the
mouse to
the cur,
Such a
trial, dear
sir, With-
no jury
or judge,
would
be wast-
ing our
breath.'
'I'll be
judge,
I'll be
jury,'
said
cun-
ning
old
Fury;
'I'll
try
the
whole
cause,
and
con-
demn
you to
death'.'

圖四：現代的《愛麗絲漫遊奇境》所採用的五個彎的形狀。
（取自 1922 年的袖珍版）

一條簡簡單單的紅線道盡人生那些複雜的、難以一語言盡的情感。

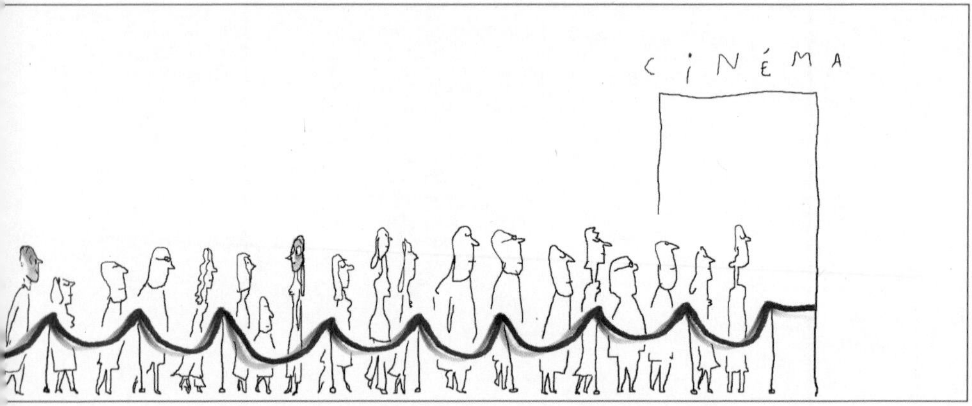

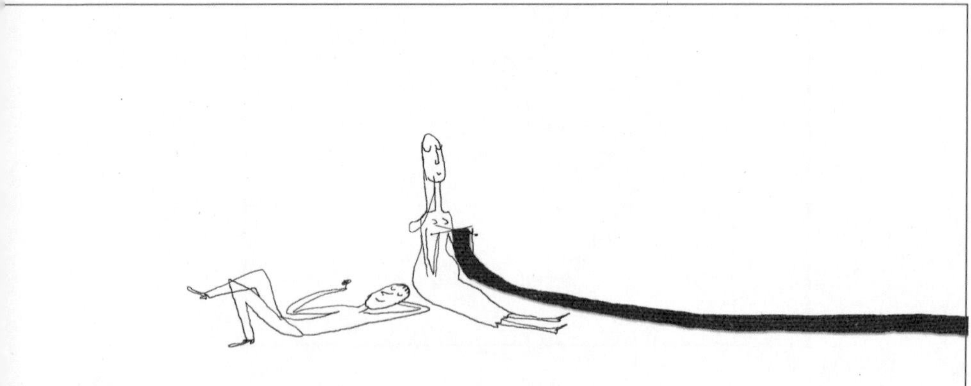

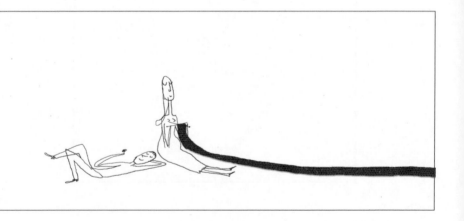

等待
…電影開演
... le début du film

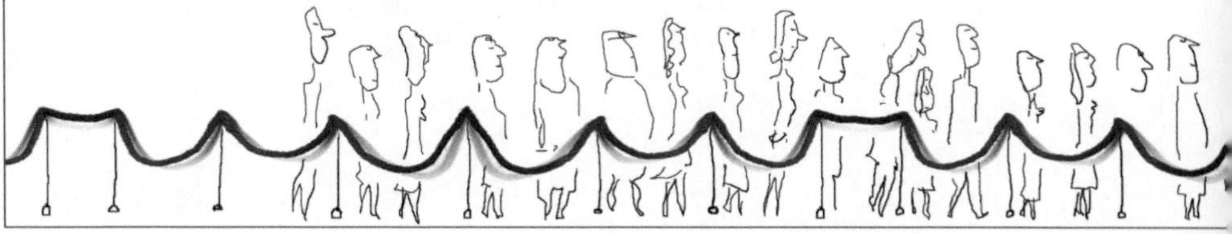

我等待
J'attends …一個寶寶
... un bébé

編輯室手記

文／虹風　小小書房店主．小寫出版總編輯

有一年整理小小舉辦過的活動場次資料時，突然很想問問曾經來小小辦過活動的出版社、創作者、讀者，這麼多年來，大家的生活、工作如何呢？那樣的心情、念頭，一直留在我的心底，直到二〇一六年，小小邁入十周年時，它才被付諸實行。

回頭來看這個瘋狂的計畫：決定在十周年時啟動紀念書的出版計畫，分別訪問出版人、創作者以及讀者，製作成三書，作為小小十年踏進出版產業這一階段的小結；決定啟動募資，拍攝影片、透過臉書、募資、媒體平臺宣傳，在年底達標之時，我們也如火如荼地與出版人聯繫，進行訪談。

在我們籌備出書的過程裡，出版業進入前所未有的變動中：截至二〇一五年為止，出版業總產值較十年前下滑，僅剩一半，文化紙媒退場、實體書店持續關閉……在這些訪談裡，我們所關注的「出版業寒冬」，似乎進入另一階段的「黑暗期」。

然而，壞消息裡總有好消息。對於出版業的未來走向與信心，從長達半年的訪談、稿件整理往來中持續浮現，也因此，我們迫不及待地想要與讀者、同業分享在這段期間的收穫與成果。

《馴字的人》一書，我們從小小十年的總暢銷榜裡，列出前十名的書單，試圖回溯每一本書的生產過程，訪問與其相關的出版人。其中，有六本為「正規」的商業出版社所出版，為《給下一輪太平盛世的備忘錄》（時報）、《單車失竊記》（麥田）、《浮光》（新經典）、《假牙詩集》（寶瓶）、《下課後的台灣小旅行》（大塊）以及《我等待》（米奇巴克）；三本為環境、生態、運動相關的組織所出版，分別是《一根稻草的革命》（綠色陣線協會）、《無Ⅲ 實踐篇 自然農法》（有限責任台灣綠活設計勞動合作社）以及《地球使用者的樸門設計手冊》（大地旅人工作室）；唯一一本以個人之力出版的是《解說愛麗絲漫遊奇境》（ㄚ亮工作室）。他們可以被大約分為三類的出版者：持續、長期投入出版行業的資深出版人、編輯；長年關注某一特定主題，並且藉由出版、出書延伸他們的理念及實踐的團體；以及因為個人的偏好、興趣而出書的獨立出版人。

從資深出版人的身上，我們看到的是：他們如何精進、修習自身專業，娓娓道來一本書的產出與行銷、推廣，即使出版業已經走過最為繁盛的風華時期，在十年前就已經進入所謂的「冰河」、「寒冬」期，然而，對於出版這一行，他們依舊有不滅的熱情與執著、足以對得起自身從事之行業的專業之道。我們從他們的無私分享裡，學到非常、非常多關於出版、編輯、行銷的重要觀念、態度與方法。

另一類「非正規」出版者，讓我們學習到的是，他們如何將對於生活、環境、在地球生存的種種疑問與追尋，透過出版，與人們分享。無論是他們的出版品，或者每一次的訪談，這些先行者所給予我們的震撼，是他們看待人類生活、生存本質、與環境關係的思考與實踐。他們也許毫無出版專業背景，邊學邊做；這些書在書封、版面設計上，就坊間出版品而言算不上精緻，但他們在意的是：翻譯務必正確，以及如何透過書，持續地將運動的理念傳遞出去，讓更多人知道。

無論是哪一種出版者，他們都讓我們看見「出版一本書」的背後，有著千絲萬縷的考量與繁複的歷程。也是在他們身上，我們相信，無論「寒冬」存在多久，未來還會不會持續，他們都會是在這樣的黑夜裡擎燭的那些人，微小，緩慢，但堅定、不息。

最後，也是最重要的事情是，這本書要謝謝所有支持小小、支持眾籌集資的朋友，沒有你們，就不會有這本書的誕生。

一根稻草的革命

專訪綠色陣線協會祕書長　吳東傑

出版入行年資　共九年
現職　綠色陣線協會祕書長

採訪、整理、撰文／虹風　攝影／許閔皓

《一根稻草的革命》
福岡正信著
綠色陣線協會出版
十年銷售冊數　一百六十六本

前言

高居小小十年銷售榜上冠軍的《一根稻草的革命》，可以說是我們在推廣環境議題、土地議題相關書籍十年之成果。十年前，這個領域的書籍雖然不能說是荒漠，但是相當零散、沒有組織，現今，環境、生態、土地類的圖書已經在小小占據一大書櫃，而且每個月都有非常精彩、重要的經典圖書出版。即便如此，當我們回顧這十年的歷程，由綠色陣線協會（以下簡稱綠陣）所出版的書籍：《失竊的未來：環境荷爾蒙的隱形浩劫》、《生物多樣性的早餐：破壞雨林的政治生態學》、《生物剽竊：自然及知識的掠奪》、《大地，非石油：氣候危機時代下的環境正義》，以及《環保弘法師：粘錫麟》[1]等書，依舊扣緊當今環境運動非常重要的議題：環境荷爾蒙、土地污染、反基改、生物多樣性、氣候變遷、種子多樣性、食物主權、環境保護運動……等等，讓我不禁對於綠陣的歷程感到非常好奇——是在什麼樣的情況下，他們會想要以書、以出版來連結運動？

就個人而言，這些書，不只是為我個人的價值觀帶來了天翻地覆的改變，也同樣的讓我時時檢視、反思自己生活中的實踐。作為運動者，吳東傑的個人實踐也全然落實在他的生活與工作中。每次踏進綠陣與其他運動團體合租的辦公室裡，縱使有冷氣也不常開，

1 編按：此處提及書籍，分別於二〇〇八、二〇〇九年由綠色陣線協會出版。

只有電風扇，甚至，如果裡面的工作人員只有一、兩位，連電風扇也都不開。訪談結束，隨手關燈、關上電風扇，東傑自然流暢的動作讓我意識到，那是他的日常，他在生活裡便是這麼做的，不是要做給任何人看的。

在《一根稻草的革命》之前，小小曾經就三聚氰胺事件邀請東傑來談過。他談的是，我們如何去理解、追溯我們生活裡的食物來源，食物生長與土地的關係是什麼，農夫的種植與方法是什麼；在商業體系裡，買來的食物要如何追溯來源？餐桌上的食物是怎麼被種出來的，農夫用的方法又是什麼，這些我們都沒有想過，也不認為那是重要的。等到出事了、出問題了，怪政府把關不嚴、怪黑心商人，怪黑心農夫……這些歷程我們都有過，也因為與關切這些議題的運動者一次次的接觸，不僅是觀念、價值觀，甚至在生活的實踐上，慢慢的，我們也都有了改變：關注食物源頭、不使用一次性的餐盒、吸管，不拿塑膠袋、不使用化學清潔劑、使用再生衛生紙、店內全面採用LED燈具、改善店內的通風儘可能不開冷氣、支持小農產品、在地購買，減少食物的里程數……這些都是很基本的。

現今回想起來，雖然這些運動者在出版一本書的過程裡，看起來跟商業出版很像：出書、辦活動、推廣、播紀錄片……等等，但實質上，因為所在乎的脈絡不同，最終的結果也不太一樣。在綠陣出版印度生態女性主義者Vandana Shiva（范達娜．席娃）的書之後，也曾經到小小來放她的紀錄片《牛糞傳奇》。他們在推廣的作法與脈絡上，往前會連結到他們長期關注的環境、土地污染議題，往後延展至他們想要關注的反基改、生物多樣性、種子保存以及環境正義等問題，其關注的議題廣度，及時間的延展性，如果單就一本書的出版而言，是看不見的。但是，對於一腳剛剛進入任何一個環境議題的讀者而言，這些書所帶動的議題延展性，也能將他們再帶到更深入的領域。

我常會形容那是一條「不歸路」——如果你知道有些事情會為土地、生活環境、人類（當然也包括我們自己）帶來危害，你便不會願意這樣做，而尋找其他可行的路。

在訪談裡，東傑曾經提到，剛接觸到福岡正信的自然農法時，他等於是要去推翻自己先前所推廣的有機農業。在臺灣，有機農業現在依舊被視為是慣行農法的「解方」，成為近年崛起的另一波主流，但自然農法跟有機農業在概念上、作法上，以及最為本質的價值觀、哲學思考上，不盡相同。從慣行農業到有機農法，再到福岡正信的自然農法這條路，東傑將會娓娓道來這一路的歷程，以及，對於他們來說，這本書在現階段，就他們想要推廣的議題與運動而言，背後究竟有什麼樣的理念與價值。

訪談

問：您原先是念什麼科系的，怎麼後來會成立綠色陣線協會（以下簡稱綠陣），關注土地、環境議題？

答：我本科是農推系，也做過記者，跑過社會新聞。離職之後就去了一趟美國。回來以後，當時臺灣有滿多環境問題，像山坡地問題、林肯大郡、高爾夫球場等等，那時候有一個朋友叫伏嘉捷，還有一些因為社運、反核認識的臺大朋友，就想要一起成立環保團體。

我們在一九九七年成立，跟一些比較傳統的環保團體不一樣的是，我們開始思考，土地、環境問題的解決方案在哪裡，也開始思考有機農業的問題。當時最重要的環保團體首推台灣環境保護聯盟，由張國龍、施信民等人帶領，其實我們團體裡有很多朋友是從那個系統出來的徒子徒孫。

當時的環保界裡，我們算是異數，跟農業啦、土地方面的議題比較接近。成立的時候，首先是做山坡地、廢棄物污染，以及台塑汞污泥的案例。那時候，臺灣也有一些人已經從論述面去談土地倫理，但會去實踐、找解方的，比較少。

問：那時候提出的解方是？

答：我們想到的解決方法，當然第一個是從人類的生活，應該說從人類最基本的價值去解決。可以說，為什麼我們從台塑汞污泥、談山坡地問題，甚至到後來推廣有機農業、走到很哲學性的《一根稻草的革命》，這整個脈絡，最終的目的，是要去談一個價值。但是，談價值不是那麼容易的事。連你自己都沒辦法把自己的理路、脈絡整理得非常好，要怎麼去談價值？所以我們也是在這條道路上，一直慢慢尋找。甚至是要去談，自己的信仰是什麼。在這個過程裡面，你很難以宗教式的、或者是很聖經式的去告訴別人說，信我者得永生。但是，在運動上，你總是要告訴人家說，這個問題在這個地方是怎麼產生的，你的解方在哪裡，這些都是慢慢摸索出來的。

問：實際運動面的操作上，您們想的策略是什麼？

答：我們跟一般社運、運動團體一樣，要去抗議啊、告啊，別人做的我們也會做。跟其他團體互相交換、去組織群眾、辦座談……等等。臺灣的社運界本來就很小眾，就是要這樣去「搏暖」。不過，我覺得社運的抗爭，不是唯一的正解。你透過一個運動，大家都上街頭了，然後呢？

問：體制外衝撞？

答：對。也許那個衝撞是把問題丟出來，把問題突顯出來，但問題還是在。如果說，今天你要解決一個問題，就要思考一下、想一想到底要怎麼做，要做些什麼。所以，差不多成立一、兩年之後，我們就開始轉型。我們想過很多：想推廣有機農業，於是做了「有機才有機會」那張海報來宣傳；二〇〇四年成立了葡萄藤書屋，辦相關的讀書會、類似沙龍式的座談。

以前的團體不太有一個自己的空間去做這些事。那個空間原先是綠色消費者基金會方儉租的，後來他們要搬家，我們就去租。租了之後，覺得那個空間只做辦公室太可惜，就開了書屋，其實裡面不賣書，類似咖啡空間，主要也是為了辦活動，維持了七、八年左右。

綠陣的工作重點方向裡面，有一個是記錄環境運動，像是粘錫麟的口述紀錄。我們現在也繼續在做，希望能夠把臺灣另一個在環境運動上，非常重要的森林運動者賴春標的東西也整理出來。

問：所以，口述紀錄、出版，是您們現在滿重要的一個方向？跟一般的商業出版有何不同？

答：運動的口述紀錄這部分，我們是覺得，沒人要做，也沒人在做。再來，我們也在這過程中發現，這些事情有一些影響力跟力量。這種影響，對運動者來說，或者對一個像我們這樣的出版者來說，會比較清楚如何呈現。如果說這幾本書，都給同樣一個出版社，對它的理解或認識，也不會像我們這樣子。畢竟，需求不一樣，用法也不一樣。

對出版社來說，可能就像是出了書、做很多張海報去貼，這樣來推廣而已。但我認識了福岡正信相關組織的人，要維持、維繫的不是福岡正信這本書，而是福岡正信的自然農法，他的精神跟這個農法，這才是比較長遠，而且要讓人的關係能夠進來。也就是說，對做運動而言，我們需要這個人、也需要這本書，也需要這個議題，也需要這個運動。我們希望這場運動是可以扎根的，不是只有賣書而已。我要是只賣書，幹嘛這麼辛苦？

在這幾年所做的出版，等於是將在臺灣以外的世界，看到什麼，然後把它搬回來。搬回來之前，我們自己已經內化，已經很清楚那樣東西，我們才會搬回來。未來，出版對我而言也是這樣，比較像是引進，應該說引介更多我很想知道的、拜訪我很想拜訪的人，把臺灣跟世界連結起來。

問：在出版《一根稻草的革命》之前，綠陣曾經出版過《失竊的未來：環境荷爾蒙的隱形浩劫》（以下簡稱「失竊的未來」）、《環保弘法師：粘錫麟》、《生物多樣性的早餐：破壞雨林的政治生態學》，以及Vandana Shiva（范達娜．席娃）的兩本作品《大地，非石油：氣候危機時代下的環境正義》，以及《生物剽竊：自然及知識的掠奪》這幾本書，可否就這些書談一談，如何扣連到你們想要推動的議題及運動？

答：我們在一九九九年就跟先覺出版社合作「失竊的未來」，我幫他們翻譯的，但是後來先覺不再版，而我們覺得這本書還是有教育上的功能，就跟版權商談版權，再跟先覺談中文版權，他免費將中文版權提供給我們，二〇〇八年我們將這本書拿過來再出版。重新出版有做了一些校正，包括後面的英文註釋，把它做得更完整。先覺在出版「失竊的未來」時，我們已經在環境荷爾蒙、工業廢棄物、戴奧辛這些議題推廣有一段時間了。後來有一本講基改的書《欺騙的種子》[2]，由城邦的出版社臉譜出版，曾和我們合作反基改議題。但出版社跟社運界合作是比較階段性的，對於出版社而言，這個階段結束，書就不再版。但對我們而言不是，縱然說，這本書的版權結束了，這個議題還是會存在，我們做運動的是沒有階段的。

問：後來怎麼會想要做粘錫麟老師的口述紀錄？

答：我們一直想要做環境歷史、環保運動的論述跟詮釋。粘錫麟老師的生命歷程比較少被人整理出來。但是他參與的鹿港反杜邦運動，在臺灣的環保運動史上，甚至於對鹿港的發展來說，是一個很關鍵的運動。那也是在戒嚴時代很大的環境運動，嚴格講起來，跟臺灣的政治發展是有脈絡可循的。當然我們不能說把粘錫麟老師的運動當作民主運動的一條線，但在那個時代，算是很重要的衝破點，只是粘錫麟老師沒有往政治去發展，他還是一直留在環境運動上，相當難能可貴。所以我們那時候很想透過一本書，來呈現粘錫麟老師的生命歷史，做比較完整的介紹。

2 傑佛瑞．史密斯（Jeffrey M. Smith）著，《欺騙的種子：揭發政府不想面對、企業不讓你知道的基因改造滅種黑幕》，二〇一二年，臉譜出版。

問：後來再出版了Vandana Shiva的兩本書，是怎麼接觸到她的？

答：在拜訪她之前，臺灣當時已經在反基改運動、有機農業、種子保存等議題上有一些推動，而Vandana Shiva在這些議題上，在國際間有她一定的聲望與影響力。二〇〇七年我們拿到青輔會的一筆經費，類似NGO外交，我們就決定組一團去印度拜訪她。拜訪之後，我們認為這個人的運動生命實在太豐富了，而且是站在世界的高點上，就跟她談書的出版，後續也跟她一直往來，比較熟悉之後，就邀請她來臺灣。

她的路線跟當時我們在推動環境保護，或有機農業的議題上非常扣合。比如我們在談生物、基因、種子，以及文化的多樣性……等等。談反基改，同樣也會牽涉到種子的自主權、食物主權，這跟我們在談的小農，都是很扣合的。Vandana Shiva一直都在關注這些議題。環境上，她關注水權、種子、土地的掠奪，跟我們所關注的幾乎都是一樣的。

問：書出版之後怎麼去利用、推廣議題？

答：比如說，把Vandana Shiva引介進臺灣時，不只是出書、辦活動，我們還會出版一些相關的出版品，像她的個人紀錄片《牛糞傳奇》，把她關注的、我們關注的議題連結在一起。Vandana Shiva談反基改、食物主權，food sovereignty，earth democracy，地球民主這些概念，都是非常棒的、先行的。我們為了讓這些概念進來，會同時也讓這個人進來、讓他的書進來，也讓他的紀錄片進來，將它們扣合在一起。

像《一根稻草的革命》也是一樣。我們當時在談有機農業，我們自覺談得還不夠，當我們發現有人談得更好時，那就必須去研究他、去出版。所以《一根稻草的革命》出版時，同時也配合福岡正信《只因我們生活在地球：福岡正信印度之旅》（以下簡稱「福岡正信印度之旅」）的紀錄片。也就是說，一般商業出版社，他們會去推廣一本書，是為了賣這本書的量；但我們是要去推廣這本書所帶來的理念、運動的路線，去談它的議題，它的價值是什麼。當然，在這些過程裡，也會衝出一些量出來，但是這個量不是我們最主要考慮的目的。比方說，一個運動我們來了兩百人，賣二十本書出去而已，我們也會覺得這樣很好。

我們這幾年來出版的這幾本書，這樣看起來，便會有一些脈絡上的連貫。從運動的觀點來說，是因為土地、污染，要去找到一個solution，然後越找，就越往前回溯，到現在出版《一根稻草的革命》，搞不好五年、十年後，我又發現一個更好的，我還是會出版啊，但是到目前為止，可能就是在這個階段。

問：這個運動的基調都是土地關懷，變成是您的觸角延伸出去？

答：不管怎樣，土地是所有生命的一切。

問：那麼，您大概是什麼時候接觸到福岡正信先生的理論？

答：差不多是在二〇〇九年，綠陣在臺大放「福岡正信印度之旅」紀錄片的時候。我算是晚

了。那部紀錄片在我們接觸到的前一年，已經在臺灣播放過一次了。那時候是臺灣一些社運界朋友，在牯嶺街小劇場辦了一個獨立影展播放的。當時播放也沒幾個人知道，也沒幾個人去。福岡正信在全世界成名很早，但很可惜的是，臺灣真正了解福岡正信、真正去接觸到福岡正信，算是晚的。

在這之前，約一九八〇年代，臺灣開始要發展有機農業，曾經有一些中興大學老師去拜訪過福岡正信。我還特別因此去問中興大學的老師，你們那時去找福岡正信，回來之後做了什麼？他就說：「沒有啊，那個歐里桑說一些，我也聽不太懂。」但他知道說，福岡正信的理念很好。

在福岡正信那個年代，還有秀明自然農法的岡田茂吉，BD農法[3]的史代納（Rudolf Steiner），他們都是在一九四〇年代左右就把理論建構起來的人，只是臺灣跟世界的銜接慢很多。因此，可以說，福岡正信的理論跟全世界，跟日本、德國，跟Mollison在澳洲發展Permaculture[4]有連結。

只是很可惜，臺灣從慣行農業要轉向發展有機農業時，我們沒有這樣的基本價值與觀念，要做有機農業，又要把福岡正信的東西連結在一起，有施行上的困難。因為福岡正信的東西，他不要農藥、也不施肥，也不犁地。也就是說，臺灣在一九八〇年代，要從慣行農業一步跳到福岡正信，那是不可能的事情。

不過，在當時的農業轉型有兩個力量：一個是農業界的人，另一個則是一些從事生機飲食，思考治療長期病患的人，他們想要在正統的醫學、化療之外，尋求其他方法，去想，還有什麼更好的方式？因此，生機飲食就變成一個可能性。可是，生機飲食強調要吃得

3 編按：BD農法為「生機互動農法」(Bio-Dynamic Agriculture)簡稱，由目前最古老的有機農業組織DEMETER於一九二四年創立。此農法主張把動植物、生態環境、地球運行與星辰變化，視為一個活的有機體，倡導不污染環境，回歸自然、恢復土壤活力的一種有機農法。（出處：環境資訊中心，〈生機互動 符合自然律動的有機農法〉，網址：http://e-info.org.tw/node/48748）

4 編按：Bill Mollison，臺灣通譯：比爾．墨利森；Permaculture，臺灣通譯：樸門。

非常健康、非常安全，這樣的食物要去哪裡找？沒有。買不到的話，就拜託務農的朋友來幫忙種。在這樣的情況下，有人就會著手準備開店，像里仁是在那時開始發展，還有MOA（國際美育基金會）啦，有好幾個力量就匯整起來了。

問：接觸到福岡正信的時候有什麼震盪或想法？

答：接觸到福岡正信時，等於是我得去推翻我自己先前推廣的臺灣有機農業。當時我隱隱覺得，有機農業在某種程度跟慣行農法一樣，只是用不同的方式來行事，也就是說，那個目標是一樣的，只是方法不一樣而已。像是，你需要那麼大規模的耕作，你可能不用機具沒辦法達成；你還是需要那麼快速的去得到你的食物、你的農產品，所以要施肥，但是施肥久了，土地的生物、生態多樣性會消失。而以福岡正信的自然農法而言，第一個「不耕作」，這在有機農業是不可能的；不施肥，也不可能的，不除草更不可能，不過，福岡正信所謂的不除草，不是不整理。在福岡正信的自然農法裡面，這些農法，這些東西，他要解決的，應該回到人跟自然的關係，人跟自然的和諧，人如何在這個生命歷程裡面，作為一個農夫，你怎麼透過土地、透過耕作去了解人，去認識自然、認識天。

我們現在用很多天然資源、自然資源，但我們有沒有去了解它們？福岡正信質疑、強調的也是這一點。有人說：「人無一物以報天」，天地養人，但如果我們不了解天，我們要如何去回報它？我們當然必須要了解它，才能善用它，甚至好好的維護這個資源。福岡正信最終是要談，人在這個系統裡面扮演的角色是什麼，我們不是掠奪自然資源而已，應該要扮演一個好的管理者。但是你要當一個管理者，你不了解怎麼去管理？

但是，即便在臺灣，要從長久以來的慣行農法走到有機農業，還是需要有段孕育期、培養期，如果我們沒有這個過程，縱使福岡正信進來，可能也沒辦法接受。就好像一九八六年那些老師去見了福岡正信一樣，拍一些照片就回來了。經過一段時間農業轉型的嘗試、跌跌撞撞，我們現在可以接受福岡正信，也很高興臺灣社會可以接受。

也就是說，在我們尋找對於土地、污染的各種解決方法的歷程裡，福岡正信算是給我們一個非常好的答案。當然，絕對不是唯一的解方，但至少他給我們一個本質上的解答——讓我們學習到怎麼去看待自然、怎麼去看待農業，走向一條非常原始、非常簡單的路，而且他用這種方式去身體力行。

我想你們也看過蘋果的阿公[5]，事實上，他也是因為福岡正信的緣故。不過，福岡正信在日本，某種程度也是很抑鬱的。我認識拍福岡正信紀錄片的導演，我問他，福岡正信在

5 石川拓治著，《這一生，至少當一次傻瓜：木村阿公的奇蹟蘋果》，二〇〇九年，圓神出版。

日本如何？他說，其實福岡正信的家人覺得他是一個怪老頭。但是，在三一一之後，據說，日本人就非常相信福岡正信。因為三一一這個事件，讓大家看到我們如果再不重視自然、不了解自然、不保護自然，人類是必須付出代價的。一場海嘯、地震，再加上一場人為的核災，這種複合性的災難，所造成的影響跟破壞何等的大。如果說，我們都像史丹納、像福岡正信，像舒馬克(E.F. Schumacher)一樣提倡小而美，大家好好過這樣的生活，我們就不需要核電廠，不用那麼多的電，我們的生活不用耗去地球這麼多的能量，也不用破壞那麼多的東西，根本也就不會有三一一那樣的大災難。這跟哲學、概念，跟我們選擇的生活方式與價值觀有關係。

我們書出版的那一年，剛好福岡正信一百歲冥誕，日本就對福岡正信舉辦了一個很大的討論會。等於說，大家終於了解、終於看到福岡正信在講什麼，而且認為，福岡正信這樣的學說，或是他的講法，是人類在某一種程度上需要的。

我想總的來說，在人類生存的歷史裡面，我們怎麼去把人、跟歷史，還有跟大自然統合在一起，而且在統合的過程中，得到我們想要的，而且這想要的，對整個地球的傷害是最小，對它的回饋最大，那我想福岡正信做到了。這幾年來也可以看到臺灣的小農啊，他們願意去嘗試這樣的耕作。

問：這本書，最打動您的地方是什麼？

答：他最打動我的首先是書名，《一根稻草的革命》。因為他用「一根稻草」，ONE STRAW，用這稻草或者說水稻的生命，來解釋人跟自然；而且水稻在亞洲社會來說，是非常重要的糧食，很多人以它為最主要的糧食。福岡正信會從水稻的生命開始，來看人跟天、天跟地，天地人的關係，我認為，他是把這樣的哲學，完全詮釋出來。

所以像《無III 實踐篇 自然農法》，它是比較強調實務、操作，而《一根稻草的革命》是談基本概念。我們認為，一般的讀者會買這本書，是因為他們想要去探討、想要去理解過去的疑問，透過這本書去找到答案。但是一般農夫，他們在這本書裡面可能會看到，他做得到底對或不對，透過福岡正信這本書去驗證或者修正他自己的想法或作法。

問：福岡正信的著作有好多本，當初為什麼選這一本？

答：這一本是福岡正信著作裡的經典，也比較好懂，其他比較難。他的書有很多哲學性、老莊哲學的思考，這本雖然也有，但比例少很多。假如你在友善環境、友善地球的生活層面上有一些實踐，看這本書你會有很多感觸，能夠回想在現實生活裡的觀察，是一個非常好的對照。

原先，我聯繫到負責這本書的版權，是位Shibuya小姐，她本來不讓我們發行。福岡正信這人很怪僻，他的信徒也很怪僻。她不會因為我要買這本書，就要我去找大的版權公司。她會覺得彼此理念上要合適。剛開始她不認識我們，而且她不知道臺灣怎麼看待福岡正信，那時候我就透過福岡正信紀錄片導演的朋友，自己跑了東京一趟，去拜訪她。這個過程我覺得很好，先前我們出版幾本書也是相似的目的：出版書，然後透過書去認識人。

就我們而言，出版比較不是商業上的考量，而是我們真正想去了解他們的想法、想認識這個人。為了拿一本書的版權而「去拜訪」，對很多商業性的公司來說，會覺得不可思議，但對我們而言，反而在運動上是建立另外一個network。書出版之後，跟日本、跟導演那邊，到現在也都還有在聯絡。日本有一個京都大學的研究生，據說為了要研究福岡正信，弄了一個類似福岡正信的圖書館，他也有寫信來，要把臺灣的這本書放進去。因為福岡正信的關係，我也認識一些日本的友人。

問：當初為什麼是選擇出版書，為什麼不是紀錄片的DVD？

答：DVD的感覺比較視覺化，很容易理解，那是沒錯。從運動的觀點來看，要真正把一個概念看得比較清楚、理解得比較多，可能還是需要一本書。你要信一個道，總是需要一本聖經吧。DVD的話，我是有拿到播映權。臺灣這種紀錄片的發行權噢，大概賣一百張就沒了，還是公播就好了。

書到目前印了兩刷還是三刷。不過，我們畢竟不是專業出版社，做一本書要做很久，先前也找過一些商業出版社，但都「槓龜」。所以像前面那幾本，都是我們自己出版、發行之後，再請巨流出版幫我們發行。福岡正信這本，那時候我去找出版社，很有趣，他們說：「人家一九七〇年代就出了，你怎麼到現在才出？」我就回答說：「你看這本書，一九七〇年代人家就出了，臺灣到現在才知道啊，我們後知後覺啊。」

另外，這本書網路上有簡體版，當時要出這本書，出版社也是跟我們挑戰這一點：「已經有簡體版了，電腦上都有了，還會有人要看噢？」我也同意，但我們出這本書的目的，就運動而言，我們需要一本聖經、教科書，讓我們去談這個運動時，你可以去看這本書、看DVD，都是非常好的工具。

問：書出版之後有沒有收到讀者回響？

答：大部分的回響是來自中國大陸的啊；或者哪個字翻譯錯了；另外，上海有一個出版社，想要重新出版《一根稻草的革命》。因為網路上的那個版本，版權已經過期了，如果他們現在要出版，得重新買版權。那時候他們本來要用臺灣的版本，但我建議還是用他們自己的版權，我覺得彼此的語言、文字用法不太一樣。

問：出這本書大概花了多少錢？資金怎麼來的？

答：花多少錢其實很難算，版權付了臺幣十幾萬，簽書我都喜歡簽一次版權，Life for one time，對他們來說，他們也知道其實這種書，這樣子是最好的。出版資金是透過募款，秋圃基金會非常支持這本書的出版。

問：做這本書花了多久的時間，過程為何？

答：書從翻譯到出版，差不多兩年，也換了一個編輯。第一個編輯的構想是，在書的某些章節裡，安插幾個臺灣作者、社運界人士的文章，讓彼此的想法可以進來，跟臺灣的讀者比較接近，也是思考要怎麼跟臺灣社會結合，是一個很單純的想法。另外，也有想過要放一些照片，但後來考慮到這本是翻譯書，如果我們放了照片，又會跟福岡正信原來的想法、作法又不一樣，就沒有這樣做。

問：最後是，十年，有沒有什麼話要講，十年的臺灣社會，您一直在強調說，運動要有一段時間去累積，那如果回頭來看的話，從一開始您們會去關注土地污染，但六輕還在，然後，土地污染的問題，在西部更嚴重，農田尤其是，然後，您們也推過法案，要去修法，整體下來，有沒有哪一項，有一個比較好的累積或改變？給我們一點信心？

答：你有沒有去看我們做一個新竹縣湖口鄉和興國小五塊錢的營養午餐革命？那時因為新竹縣政府補助的國小營養午餐費，一餐只有二十八元，但和興國小的有機餐卻差不多要四十元。所以我們就向民間募捐每餐五元。那就是我們用很少的經費，將一個政策翻轉。這是一個在運動、實踐上的作法，但是如果就整體來談未來，不管十年、二十年、三十年，只要有人類存在的話，人跟環境的生態關係，會變成我們永遠要去處理的問題。其中有幾項重點：土地、水資源，以及食物，這三個等於人類生存最基本的；再來就是你要怎麼去分配。這個分配不是指人跟人，當然人跟人是最基本的，這個分配是指人要如何跟其他生命、跟其他萬物要怎麼和平共存。

不過，嚴格講起來，就一個運動者的角度，我們的運動算是失敗的，沒改變什麼，壞的還是壞的，像防波堤還是很多啊。臺灣很弔詭，什麼觀念都可以在臺灣這個社會生存，而且大家都能夠接受，這是一面；但是另一面，那種現狀已經破壞的，還是依舊。我舉個例子，以海岸而言，如果說我們現在要把海岸打掉、把消波塊拿掉，重新回到沙灘，大概沒有人敢做那個冒險或嘗試。然後你看，我們的樹木越來越少。我們也知道保護樹木、保護老樹很重要啊，但樹木怎麼越來越少？這些大家都知道，但狀況還是持續壞下去。這就是臺灣目前這個社會弔詭的地方。

我覺得說，也許《一根稻草的革命》這本書出來，會帶來更多討論也有可能。對我來說，並沒有一定要在一本書，或者一場座談引起什麼，只是希望，這個訊息可以被傳遞出來。這本書，可以被拿到一個人的手裡，他可以再去傳遞，那個種子是要撒下去的。要找好的種子，做撒種。像一個種子一樣，丟下去，會長多高？沒有人知道。因為它需要很多條件，也許丟下去會被鳥吃了，那株就死了。但是，做一個運動者，你還是要保持運動的心，你不可以停，不斷地運動，生命才會延續。

解說愛麗絲漫遊奇境

專訪丫亮工作室創辦人　丫亮

出版入行年資　共〇年
現職　丫亮工作室負責人

採訪／馮雅文　陳安弦　整理、撰文／陳安弦　攝影／許閔皓

《解說愛麗絲漫遊奇境》
丫亮著
丫亮工作室出版
十年銷售冊數　一百六十一本

前言

我在小小的童書區，找到《解說愛麗絲漫遊奇境》時，它被夾在兩本繪本版的《愛麗絲漫遊奇境》[1]（以下簡稱「愛麗絲」）之間。比起繪本們精緻的裝禎和色彩飽滿、風格強烈的封面，這本書顯得素樸、沉默而厚重，一不小心，就會被遺忘。

於是，我坐在童書區的小板凳上，隨手翻開它。才一細讀，就感覺自己也像是跳入了無比深邃的兔子洞，只是，這個洞並不通往住著笑臉貓與毛毛蟲的奇異國度，而是通往這本書的出版人兼寫作者，ㄚ亮，由無數細節構成的腦內世界：中英對照的書頁、重點單字加註音標與詞性，大量註釋夾在段落之間，內容橫跨故事劇情說明、版本比較、時代背景描述與科普小知識，註釋中透出寫作者的熱切——他是在迫不及待地拋出所知，希望讓讀者徹底了解「愛麗絲」這本經典之書的前身後世。同樣的風格也顯現在章節設計上，除了內文以外，書中額外附上了詩/歌目錄、故事背景、人物介紹、插圖列表和插圖介紹，甚至以一個獨立的章節，講述故事中的「愛麗絲的高度變化」。這些列表，繁瑣到近乎幽默，以古怪的形式，隱藏著寫作者的玩心。

1 編按：Lewis Carroll（路易斯．卡洛爾），本名Charles Lutwidge Dodgson，著有：*Alice's Adventures in Wonderland*（《愛麗絲漫遊奇境》，本文簡稱「愛麗絲」），*Through the Looking-glass and What Alice Found There*（《鏡中奇緣》）等書。

《解說愛麗絲漫遊奇境》，高踞小小書房十年銷售排行榜上的第二名，卻是榜內唯一一本沒有任何組織在背後支持出版的書；而這本書在臺灣的唯二販售點，是小小書房和桃園的一家文具行。

除了「愛麗絲」，ㄚ亮還打造了另一個兔子洞：「ㄚ亮工作室典籍數位化計畫」。這個網站，除了詳盡收錄ㄚ亮的部落格文章以外，主要用以發表經他掃描、校對後製成的電子書，雖然很難一下子從洋洋灑灑的電子書列表中，看出他挑選經典的標準，但是完全可以想像其背後的工作量——上百本的電子書，那是久久地站在掃描機前，看著機器閃著刺眼的光來來回回移動，或是獨自在字裡行間爬梳，為了一個異體字翻遍辭典，旁人看來，那樣孤獨而枯索的時光。

這一切，所為何來呢？更何況，從ㄚ亮在網上的自述看來，他原本從事的是電子業，那麼，為何他要離開看來更有展望的產業，踏入出版和典籍數位化的領域呢？我只能肯定，並非為了銷售或營利，畢竟，ㄚ亮的典籍數位化計畫，聲明僅供學術使用；而《解說愛麗絲漫遊奇境》也並未在各大通路銷售，論銷量，是很難與其他書籍相提並論的。

所有的疑問與好奇，無可避免地，要回到ㄚ亮身上。訪談中，我請ㄚ亮和我們分享，「愛麗絲」這本經典的哪個部分最觸動他？ㄚ亮思索一陣後，說：「愛麗絲應該是這樣說的：『如果我知道正確的方法，我就做得到。』那時，愛麗絲要找的是變大或變小的方法；而我自己則常常在思考文獻保存、或翻譯、或做書、或我小孩的教育方法時，想起這句話。」

的確，作為個人，沒有太多的資源與時間，唯一能夠仰賴的，就是自己的信念：不停地思考、不停地做，期望總有一天，會找到正確的方法，做成正確的事。那麼，這樣的堅持，又如何透過《解說愛麗絲漫遊奇境》這本書呈現呢？

訪談

問：您開始做典籍數位化的契機為何？對版本和校對的興趣是怎麼開始的？

答：《愛麗絲漫遊奇境》（以下簡稱「愛麗絲」）應該就是我的契機之一。我過去從事電子業，接觸網路比一般人早，所以很早就有上網查資料的習慣。當時，我還沒有「愛麗絲」的原版書，為了讀它的英文原文，我經常在網路上搜尋，看著看著，發現許多網頁雖然提供了原文，但是文字上經常有出入，有時也會出現錯漏，而資料的來源是否可靠，往往耗費許久仍無法確定。這些都引起我直觀上的疑惑：到底哪個版本才是對的？

我的想法可能比較單純一點。我認為這些典籍，本身都有些傳抄上、或排版造成的錯誤，尤其現在網路上流傳的資料，有許多是由早年還不成熟的OCR技術[2]轉換而來，使得資料錯誤百出，需要加以校對，而校對的最大前提，是要有原始的文獻資料，也就是原件。典籍數位化的構想，大體上就是在這樣的情況下醞釀出來的。我希望建立一套整合性的大資料庫，資料主要以彩色掃描，解析度至少300dpi。掃描後做OCR，把掃出的圖形轉成真正的文字檔，而所有文字檔案都要先由人來做初步的校對後才能上架，並且留下相

2 編按：Optical Character Recognition，臺灣通譯為光學字元識別。

關的校對紀錄，說明版本的文字差異，或說明原件是否贅字、錯字、缺字等等。由於有原掃描文件可查，讀者對校對的任何懷疑，都可迅速的進一步查證或反駁。

所以，我開始收集、掃描、校對英文版「愛麗絲」的不同版本，並因此萌生了翻譯、出版《解說愛麗絲漫遊奇境》（以下簡稱「解說愛麗絲」）的念頭。二〇〇七年，也是為了要找趙元任先生翻譯的《阿麗思夢遊奇境記》（一九二二年，商務印書館出版）——這本最早的中文「愛麗絲」的首版——我找上了賴和紀念館，並在那裡意外發現了《民俗台灣》和《台灣民間文學集》。這兩部書，初看就知道是珍品，當然不能放過。於是花了許多時間，陸續做了《阿麗思夢遊奇境記》和《台灣民間文學集》的數位化和校對，而《民俗台灣》因為是日文的，所以並沒有校對，只做了掃描和OCR。

《民俗台灣》一開始查資料認定共有四十三冊，第四十三冊於昭和二十年一月出版，正是一九四五年局勢相當不穩定的那一年；而賴和紀念館缺了一冊，所以我總共掃了四十二冊，其中還有一冊缺頁，有些遺憾，一直沒有時間再去找。近年又發現原來在一九九八年南天書局出版了復刻的合輯八大冊，其中竟然還有最後的第四十四冊，是昭和二十年二月發行的，而第四十四冊之後還有一些索引，可能是南天書局出版時整理的。

我現在（編按：二〇一六年）正在掃描的還有聯經出版的《中國近代武俠小說名著大系》，共一百多冊，版面瘦瘦長長的一套書。這套書，前幾年我在寶山鄉立圖書館找到了五十冊

左右，但是去年還是前年再去借的時候書不見了，追問之下，竟然是圖書館要把它銷毀掉，理由是借閱少、年代又久遠。我為此到鄉公所去抗議、去跟鄉長的祕書談，圖書館才把書留下來。這件事情真是不可思議，新的書來來去去也就算了，但是特定的、重要的版本應該要留存才對。《中國近代武俠小說名著大系》的另外五十幾冊，我後來在新竹橫山找到，得以完整掃描全套，很多地方我都用彩色掃描，保留書的原始風貌。

問：您如何界定「典籍」？目前數位化的主要內容是？

答：經典的作品，也許是具有時代意義、影響力或者獨特性，有的頗具深度，有的留下文化、風俗的紀錄。例如，《民俗台灣》以日文書寫，記錄了臺灣當時的社會風俗、街道樣貌、以及和原住民相關的珍貴資料，我雖然不懂日文，但它裡面有豐富大量的照片和圖片，視覺上很觸動我；而李献璋整理的《台灣民間文學集》，是日據時代少有的漢文出版品，他在〈自序〉裡，提到了《虞里姆童話集》，這似乎是當時對《格林童話》的音譯，李献璋以此自比，可見他與當時那些文人，是花了很大功夫，用心去蒐集這些民間文學。而我自己校對這些經典的時候，會覺得，似乎我跟作者，會在心靈方面有一點點一致，就好像我站在他的位置，在看他那個時代的故事一樣，前後串起來，你真的有所感。

我也掃描很多上世紀六、七〇年代的武俠小說，像古龍、黃易、秋夢痕、司馬紫煙、公孫千羽這些人的作品。很多這個時期的武俠小說我個人很難視作經典，但是它對五〇到七〇年代的許多人有很大的影響，不能忽略它們的存在，而且這些二手書還算容易取得，買起來也較便宜；另一方面，我是把這些書當成一個鉛字時代的紀錄來研究。鉛字排版有它的特點跟趣味。過去臺灣的鉛字字形應該多少受到日本漢字的影響；我也喜歡字印出來，在紙張上有一種凹陷的感覺；鉛字會排錯字、排顛倒，排版的人排快的時候把字往左倒、往右倒、上下顛倒，做校對的時候看到這些覺得還滿好玩的，那種味道很不一樣，都是手工，是人留下的軌跡。

對我來說，這些東西都像是文獻，也許以後的人可以藉此回過頭來，看看我們的年代。

至今，我已掃描了上千本的書、可能兩千本以上都有，而在校對、掃描的同時，我會盡可能留下所有的參考數值，包括書的厚度、重量、版面長寬、內頁主要文章的頁數、每頁的滿字數等等，這些都是瑣碎的，但是也許未來有一天其他人可能用得上的參考點，就像是，如果沒辦法看到實物，至少希望能看到掃描檔，專業的人只要拿到掃描檔，自然可以從檔案資訊裡看出原件尺寸，這種東西，比例尺是滿重要的關卡。

問：獨立進行典籍數位化的困難在哪裡？

答：做掃描最麻煩的事情，就是copyright。我當初去了解相關法律，覺得著作權法實在頗有討論空間。中國古代沒有著作權，甚至寫得好的作品，希望大家都去傳抄。而現代的著作權保障了著作人的權益，但他應該同時要有一個義務，對於已經過了著作權保障期限的那些東西，提供一個公開的、open的來源，例如網路上的資料庫，讓人家容易取得，甚至我認為政府應該設立一個機構，主動提供這些東西。不然對很多人文的流傳，我覺得不是很正面的事。

所以我遇到的困難，一個是做了數位化，卻不能隨便分享；另一個狀況是，原版的著作權已經過了，但出版商花了費用，去製成新的版本，在我拿不到原件的時候，只能找這些出版商製作的書來掃描，而為了做典藏去掃描這些新的版本，法律上似乎就是有侵犯版權的爭議。

近年來Google也做了相當多的掃描，也引起廣泛的討論。嚴格講起來，現在我做掃描、分享還是違法的，但是如果不去做，未來這些東西會在哪裡？再過一百年、二百年，我們都離開這個世界了，卻沒有把東西留給後面的人，我覺得不好。因為經典不應該就這樣被掩埋，應該搶著分享給人家才對；否則，把真正的東西掩蓋起來，卻創造另外一個版本，把它當成新的著作權下去販賣，我覺得這是一種內耗，大家把時間和金錢都花在這上面，沒有得到真正的進步。所以我這十年來，雖然中間幾年有稍微斷掉，可是保存經典這件事情，還是照我當時的想法在做，未來也會持續去掃描、保存這些精緻的東西，在網路上分享、或直接給別人使用。

除了想保存、整理許多的文獻外，我這十年來常常在思考的問題還有：世界名著翻譯成中文的諸多版本問題，以及中文譯文的問題。近現代著作權尚未過期的各種專業書籍、勵志書、小說，通常都只有一個翻譯本，這多半和著作權、權利金有關；但著作權已經過期的「經典原著」作品就不同了，在「翻譯視同著作」的法律條文保障之下，著作權明明已經過期的作品，彷彿孤魂野鬼找到了可以附身的不同語言主體，於是搖身一變，又重新獲得了生命，並且還會出現許多的分身——版本。拿「生物多樣性」的觀點來說，版本多或許是件好事，因為我們有機會從不同的詮釋中，去理解原著所要表達的。但現實上，許多版本的誕生往往只是為了避免侵權，並沒有詮釋上的實質差別，翻譯文字也未

必貼近原作、原文、原意。除了版本之外，中文翻譯的遣詞用字和表達又是另一個問題，這是譯者本身的中文素質問題，檢驗著我們的中文教育是否紮實。

再來說臺灣的翻譯書。往往第一個中譯本，最會被人拿來一改再改，一印再印，出版商把舊有的翻譯拿出來，舊酒裝新瓶，把它包裝得很好，但往往沒有認真去回顧舊的東西——也許早年翻譯的環境沒有那麼好，很多地方都翻錯，這可以理解，也可以救，但若便宜行事，只是一代一代的重印下去，這樣並沒有真的進步！

我對出版還有一個想法，就是說，現在有很多書體積都放太大了。同一個出版商十年前、二十年前印的書，現在重印的時候，體積都變大了，連握持都很累。除非他有必須要用這麼大本下去表現的原因，不然就是不當地被擴大。這裡面間接有環保的問題，耗費太多紙張的資源了；而且，現代人的住房有限，書的體積越大，表示所能收藏的書也越少。這也是我現在在做的將書籍「瘦身」的原因，就是縮小體積。為了數位化而購入的二手書，占用了太多的居家空間，於是在整本書全部掃描過，並且做了OCR之後，我只保存封面、版權頁，有時加上插圖、目錄；如果是套書，我可能會留存一本完整的。

問：在諸多的經典作品中，您為何想要翻譯和印製「愛麗絲」呢？

答：挑「愛麗絲」來翻譯，是因為它平易、細膩而有深度，文字簡潔精鍊，但是讀起來的樂趣淺顯易懂。它的對話很多，從愛麗絲掉進兔子洞開始，幾乎每一章都有對話，製造出不同的張力：毛毛蟲跟愛麗絲的閒扯淡，是什麼都不明講，曖昧得讓愛麗絲生氣；〈瘋狂的茶宴〉裡，三月兔、帽匠和愛麗絲三個人針鋒相對、都快要吵起來，又好笑，又有點緊張。在我個人的感受裡，這樣的對話很類似中國的相聲，對口相聲是一來一往的，文字很緊湊，然後會搶拍子，一搶拍子，相聲的效果就出來了，但是，這種感受在大多數的中文翻譯裡往往都不見了。

翻譯最重要的，是能將原作講得清楚貼切，若非如此，即使新譯本不斷出版，意義也不大。但是，翻譯一定會失真。所以「解說愛麗絲」這本書，採中英對照的形式，英文部分是經由許多版本比較、校對後的原文；中文部分乍看之下類似一般的翻譯，實則是「翻譯式中文解說」[3]——目的是解釋英文句子所講的意思，幫助讀者讀懂原文，並不為了中文的通順，調整句子的前後次序。同時，為了使讀者能夠真正理解故事的內容，書中也盡可能地收錄了所有和原著相關的資料。

對我來說，我比較像是文字／圖書的黑手，是整理文獻，幫助大家閱讀、吸收資料的人。所以我希望大家在讀「解說愛麗絲」的時候，完全忽視「ㄚ亮」這個整理者，著重在故事本身。

問：那時候在執行這個計畫的時候，身邊有朋友一起參與，給予幫助或資源嗎？

答：基本上就我一個人在想，要講的話，給我最大幫助的是我哥哥，他是這本書的英文顧問。我哥哥是念理的，可是在英文方面下了很多功夫，當時他人在美國，我在臺灣，我們用國際電話討論，把這本書寫出來。

問：書中的插圖和文字排版如何處理？

答：我主要參考了三種版本的「愛麗絲」，分別是一八九八年的People's Edition，一九二三年和一九三八年的袖珍版（Miniature Edition），三本都由Macmillan這個出版社出版。

3 編按：詳細說明參閱《解說愛麗絲漫遊奇境》：〈說明〉，頁七十四。

Macmillan在一八六五年出了「愛麗絲」的首版，是紅色書殼，圖片最大；People's Edition賣得比較便宜，書做得比首版小一些，插圖的尺寸與首版相同；再後來出的袖珍版，它的內文和插圖都縮得比較小，雖然四十二張的插圖數仍與首版一樣，但為了遷就版型，在某幾個地方，省略了原文的幾個字。至於最後為何在諸多版本中，選擇以People's Edition當作「解說愛麗絲」的插圖來源？我已經不太記得原因，似乎是因為在我的藏書中，這本書的裝訂維持得較為完整堅固吧！另外，我也在書中放了《地下奇遇記》[4]的全部插圖——這本由Lewis Carroll手寫、手繪的小書，是「愛麗絲」的前身，雖然沒有正式發表、出版，但我還是在網路上買到了兩本複印本。

4 編按：*Alice's Adventures Under Ground*, 1862：Lewis Carroll未發表的手寫書，《愛麗絲漫遊奇境》的前身，內含作者自己手繪的三十七幅插圖。

插圖掃描出來，請專業的人做圖形處理之後，以和原圖一比一的比例，放入書中。因為我很喜歡看到一比一的東西，就像看到原件的感覺，尤其「愛麗絲」的插圖可說和作品內容是一體兩面，許多文字沒有講明之處，都在插圖裡說了出來，在某些中文書中，插圖因尺寸改變而顯得顆粒粗糙、邊緣出現鋸齒狀、品質不佳，甚至同樣一組插圖卻大小不一、左右顛倒，我覺得那都扭曲了原作的某些東西。

雖然最後為了遷就排版，插圖並未隨內文一起呈現，而是獨立出〈插圖介紹〉這個章節，但是插圖的次序還是以原版為標準，沒有調動，一比一的原則也仍然維持。文字的排版上，為了要讓文字盡量貼近原版的樣子，也花了很多時間，從零開始摸索，自己一個字一個字去排，連排版軟體都是重新買的。例如第三章的「尾巴故事」，我得自己慢慢去調整，盡量讓中文與英文的文字都能拼出一條細長彎曲的老鼠尾巴，在附錄中，則以掃描原圖的方式，分別附上四個不同版本裡的、不同形狀的「尾巴故事」[5]。

本來，為了更貼近「愛麗絲」首版，我還找了類似顏色的書殼，把精裝版印成紅色燙金，也有少量印成了深藍色、深綠色，就像當時的某些特殊版本一樣。但是你知道嗎？我們

5　編按：參閱本書，頁〇〇六—〇〇九。

這些門外漢，一拿給朋友的時候，他怎麼跟我講？他說：「誒，你印聖經哦！」很可笑齁！可能因為又厚，又是精裝。後來我就加印了現在這個白色、上面有愛麗絲剪影的書皮，就跟平裝版的封面一樣了。

問：那時候有想到怎麼賣書嗎？自出版以來，「解說愛麗絲」銷量有多少？

答：沒有，一開始都沒有想到，想說印了、出了再說。這個都是一個經驗啦！當作笑談。找到小小書房，也是在網路上碰巧看到要開幕，時間點就這麼巧，就這樣子而已。也沒有再找其他通路。銷量我沒有真正統計過，可能不到一千吧！之前有些同事有買，那時候有幾百本，但是再怎麼加也不可能太多啦。

問：您目前有其他的出版計畫嗎？

答：我這幾年比較常在山裡走，跟朋友去高山健行，也做淨山，今年（編按：二〇一六年）又開始做林務局和國家公園的志工，偶爾也當登山嚮導，帶團上山，所以現在還靜不下心來做書，但是我有想要做「解說愛麗絲」的續集，解說《鏡中奇緣》。不過，這幾年來，我陸續教我的三個孩子騎車開車，對交通規則、對如何安全地開車，也有一些心得，說不定這一本書會先出！

給下一輪太平盛世的備忘錄

時報出版前總編輯　吳繼文書面回覆

時報出版前文學線主編　鄭栗兒專文

專訪時報出版前文學線主編　鄭栗兒

專訪時報出版文學線主編　嘉世強

採訪、整理、撰文／李偉麟　攝影／王志元（鄭栗兒）許閔皓（嘉世強）

《給下一輪太平盛世的備忘錄》

伊塔羅・卡爾維諾（Italo Calvino）著

時報出版

十年銷售冊數　一百五十三本

前言

第一次感受到這本書的影響力，是來自國內一位房地產代銷公司老闆。當時談了什麼，我幾乎已忘光，只記得他講起這本書時，眼睛亮了起來的那個表情——原來，一本文學作品，也能夠成為房地產建案行銷的靈感來源。拜這位房地產業者之賜，「輕、快、準、顯、繁」這五個字，從此就留在我的腦海裡。

二○一二年二月，我參加小小書房店主虹風開設的初級寫作班，終於見識到這五個字的廬山真面目，並且與其共處了好幾個月，因為《給下一輪太平盛世的備忘錄》，是每堂課都會用到的指定教材。當時因初踏入文學閱讀的領域，這本書中的風景雖秀麗，卻顯得迷離而頗感吃力；另一方面，卻也感覺得出它的分量並不一般。我的心裡響起一個聲音：只要在這個領域內持續探索，與它再度相遇時，應該有能力看見它早已為我開啟的門，領我走進隱而未顯的神祕世界。

沒想到，我和它的再度相遇，是因為這次的採訪。這一次，我除了如願在書中看見通往神祕世界的門，更負有一個重要的任務，那就是要發掘最初是透過什麼樣的眼光與努力，成就了這本繁體中文版，為國內許多讀者創造了不同面向的啟發。

翻到書末的版權頁，主編是鄭麗娥小姐（編按：筆名「鄭栗兒」）。在一次作家導覽活動中，我們與之聯繫，鄭栗兒表示她已離開時報文學編輯檯多年，建議我們亦可請教當時的總編輯吳繼文先生。一來，這本書所屬的「大師名作坊」書系是由吳前總編輯創立；二來，她接手主編時，這本書已由吳前總編輯交給吳潛誠教授所率領的團隊進行翻譯，由他來談述本書的出版緣起較為妥當。

非常幸運地，我們很快地就收到了吳繼文先生的E-mail回覆。他表示：「至今二十年沒有在出版的第一線工作，已經不是嚴格意義上的出版人。當年的工作現在回想恍如隔世，很多細節就算沒有遺忘也非常模糊。所以請你和虹風討論一下，把我列入採訪人選是否妥當。」在我們表達，希望能夠把握住這個難得向前輩請益的機緣後，得到了令人開心的回應：「好，那我就盡力而為。」不過，吳繼文先生希望能夠以文字表達意見，比較周延，也告訴我們，他不太喜歡照相。因此，展現給讀者們的相關文稿，第一篇便是吳繼文先生的這篇書面回覆，並且不放照片。

第二篇及第三篇，則分別為鄭栗兒小姐的專文及專訪記要。聯繫之初，她告訴我們：「由於我個人目前全然在身心靈領域，雖然也持續於文學創作，但是編輯檯的事物，已然不太接觸。可以的話，我寫些關於這部書，在我主編時期的一些編輯記憶，我就寫一篇小文給貴書店參考，好嗎？」幾經聯繫往返，我們獲得她的首肯，在經常往返海峽兩岸的忙碌行程中，撥出時間接受面訪；而且，令我們驚喜的是，在採訪結束的第二天，她還花時間用文字整理了一篇專文，提供我們參考。

上世紀八〇及九〇年代，「書系」被賦予的使命與任務，遠遠超過「分類」的功能。在那個年代誕生的「大師名作坊」，成為許多讀者認識國外文學大家作品的主要管道，不少讀者的文學品味與眼界，因此被拓寬與加深，每一本書的出版動向，每每受到高度矚目。透過吳繼文先生及鄭栗兒小姐的細心回憶與文字整理，我們看見出版人在那個文學興盛的年代，如何形塑與拓展「大師名作坊」的內涵與深度，奠定了它在國內文學出版領域的重量級地位。

一九九九年十二月二十七日，時報出版正式上櫃，成為華文世界第一家股票上櫃的出版社。踏入新的世紀之後，如何兼顧出版理念與公司獲利，成為各線主編的工作目標。現任文學線主編是自電影圈轉換跑道的嘉世強。在歷史如此悠久、實收資本額達到新臺幣三億元以上、每年的獲利能力要受到公開市場股民檢驗的國內指標性出版社，他是如何展開「主編」這份工作，並且很快地讓自己上手？一路上遇到了哪些困難，又是如何想辦法克服？有關這本書的第四篇文稿，便是嘉世強的專訪記要。

面對上個世紀還沒有發生的科技與網路資訊革命，出版業受到了很大的衝擊。「文學」的價值與「出版」的價值，必須同時被放在天平的兩端加以衡量。該如何因應時代的變化，對「文學」和「出版」做出回應，並且試圖打開新局面，不僅僅是嘉世強身為一名新世紀文學線主編所要面對的挑戰，也是讀者與整個出版業要一起來思考的。

時報出版前總編輯　吳繼文書面回覆

出版入行年資　共十五年
現職　作家及譯者

第一部分：關於《給下一輪太平盛世的備忘錄》

問：當時書系的企劃概念為何？是由誰選書呢？

答：話說從頭。

我原來在《聯合報》副刊擔任編輯，由於文壇前輩、也是資深文學編輯的陳雨航先生離開時報文化出版公司（以下簡稱時報出版）前往遠流出版公司，時報出版找我接手雨航先生留下來以「人間叢書」為主的文學線編務，我才有機會進入出版業工作，那是一九八八年的事。

有一天，成立不久的博達版權代理公司代表孟森（Steven Mirron）先生帶了韓少功先生翻譯的昆德拉（Milan Kundera）《生命中不能承受之輕》來找我，問我有沒有興趣。當時李歐梵已譯介若干東歐文學作品，包括昆德拉，而林白出版社也推出了昆德拉的《笑忘書》；我很喜歡昆德拉作品，當即答應了孟森。

不久時報出版人事改組，由郝明義先生接任總經理，在我向他報告工作計畫時，提出一批（不以美、日暢銷書為導向的）外國文學翻譯書單，並建議成立一個新的書系，第一本選書就是《生命中不能承受之輕》（捷克），第二本是《希臘左巴》作者卡山札基（Nikos Kazantzakis）的《基督的最後誘惑》（希臘），第三本是瑞巴可夫（Anatoli Rybakov）的《阿貝特兒女》（俄羅斯），感覺有一種宣示作用。這就是「大師名作坊」系列的緣起。

廿世紀的文學百花齊放，小說也有許多奇花異卉，希望開拓中文讀者的視野，也可提供創作者不同的刺激與養分，則是「大師名作坊」系列的初衷。不可否認，為了打開局面，所選的作品有不少是帶著話題性：拍成電影的、引起爭議的或是被禁的書，但內容的價值還是第一考量。

系列選書主要由我來承擔，但做過編輯的人都知道，經營日久，書／作者／譯者也會自己來找你。卡爾維諾就是這樣。在臺大外文系開翻譯學程的吳潛誠教授有天問我，他帶著幾個學生翻譯了《如果在冬夜，一個旅人》（當然是透過英文譯本），如果最後由他全文審訂，時報有沒有可能出版。所以這是和吳教授的第一次合作。不久臺大城鄉所的博士生王志弘帶著已經翻好的《看不見的城市》（也是轉譯自英譯本）來找我。一個文學編輯怎麼可能對這兩本書說不?《給下一輪太平盛世的備忘錄》的出版歷程想必類似,不過那時我已經離開時報出版了。

這幾本書的出版,也是當時翻譯外文著作困境的一個縮影:缺乏理想的原文譯者。西班牙文已經有張淑英,但義大利文的倪安宇還沒有出現;法文、德文還好,可如果想翻譯泰戈爾(Rabindranath Tagore)作品,孟加拉語的譯者在哪兒呢?有些語種或許有不錯的翻譯人選,但稿費又不夠優渥到教人決心下海,這是另一個環境困局。所以只能暫時透過轉譯,先求有、再求好。

廿世紀九〇年代以後越來越多的大陸譯者加入陣營,但這是另外一個故事了。

問:出版後,如何得知市場反應與譯者回饋?除了銷量之外?

答:二次戰後,臺灣在國際冷戰與國共內戰的夾縫中,於戒嚴令陰影下度過了將近四十年,言論、出版自由受到嚴重的戕害與扭曲。我進入出版業的一九八八年,離網路、數位媒體時代尚遠,是臺灣解嚴的第二年,百廢待興,許多空白亟待補齊,馬克思《資本論》、白色恐怖口述歷史《幌馬車之歌》都得以堂堂皇皇擺在書店最顯眼的角落。所以那也是讀者、編者都一起努力補課的時期,媒體也主動呈現新書訊息、大量發表書評、作者專訪,這些對閱讀社群都起了關鍵的影響力,讓書市變得較為活絡。每個出版社的每月重點選書大致都會有紮實的回應，有的還衝上暢銷書排行榜。

也許還可以加上一點上世紀八、九〇年代的背景描述：文學出版的「五小」仍維持榮景；為了加入WTO並洗刷海盜國家污名，對著作權的普遍重視逐漸建立翻譯書市場的穩定秩序；出版同業以「臺北出版人」名義開始組團參加以法蘭克福書展為首的國際性活動；臺北國際書展成為出版業年度盛事。

《生命中不能承受之輕》一九八八年十一月上市，隔月即再版，這與我的預期相當，因為對這本書有信心；完全沒想到的是，此書經菲利普·考夫曼（Philip Kaufman）改編，由丹尼爾·戴-路易斯（Daniel Day-Lewis）、茱麗葉·畢諾許（Juliette Binoche）主演的電影（中文改名為《布拉格的春天》）於隔年三月在臺北上映後口碑極佳，映期一再延長，同時帶動了原著，還擠上了排行榜，意外打響了新系列的招牌。這本書在中文出版權轉授皇冠出版前，在時報至少印了十五萬冊（數字根據時報出版曾經發行十五萬冊紀念版）。不過也因此造成許多出版社的誤會，以為找改編電影的小說作為賣點準沒錯。這固然無可非議，但至少不是當初《生命中不能承受之輕》選書的理由。

有趣的是，電影版的編劇——劇作家尚-克勞德·卡里耶爾（Jean-Claude Carriere）後來為劇場導演彼得·布魯克（Peter Brook）改編的神奇印度史詩《摩訶婆羅多》（The

Mahabharata），一場可以從天黑演到天亮的戲，中文版也收在「大師名作坊」，譯者是林懷民先生（那時林老師苦撐舞團身心俱疲，宣布解散雲門舞集，跑到峇里島休息充電，他帶著卡里耶爾的劇作，越看越入迷最後乾脆把它譯了出來）。

第二部分：關於本書與「卡爾維諾作品集」

問：這本書是時報出版的「卡爾維諾作品集」第八本，在譯者的選擇、封面設計、通路、宣傳行銷等，各層面的作法上，如何既能夠保持單書特色，又擁有系列感？

答：（成立「卡爾維諾作品集」系列是我離開時報出版以後的事，這個部分應該由鄭栗兒小姐來說比較好。）

第三部分：關於吳前總編輯的編輯人歷程

問：您身兼作家、編輯、選書人等多重角色。您認為「閱讀」的價值，以及文學作品的價值為何？

答：我想我和許多人一樣，閱讀就像陽光、空氣和水，是一種需要，而不是價值。

這世界，可見者如許豐饒，不可見者又恁般神祕，而人的知覺與感性又是祕中之祕。我們使用語言文字作為表達、溝通的手段，或許也是最有效的工具，但我們要如何呈現記憶和夢？又要如何形容鯨背月色？還有那些無以名狀的一瞬之光與層層疊疊的暗影，那些恐懼、憂鬱或疼痛呢？所以人們以散文、韻文、無韻詩試圖加以描摹，文字之不足，於是有繪畫、有音樂。詩、繪畫、音樂很多都是「無題」並非沒有理由。

對我而言，有意思的文學（我不想說「好的文學」），是一個個寫作者以其獨特的經驗、感知和想像力所創造的小宇宙，透過捕捉這些在時間之海中漂流的小宇宙，我們發現與他者共通的希望與喜悅，不一樣卻又有點熟悉的疑惑與困頓，從而感到一種安慰；我們藉此更多地認識了他者，同時也更好地理解了自己，然後確認了自己與這個世界無可置疑的連帶關係。存有即時間，小宇宙是時間，也是時間的回聲。

簡單說，閱讀使我們免於無知，文學使我們免於孤獨。

時報出版前文學線主編　鄭栗兒專文

出版入行年資　約十六年
現職　文學作家、臼井靈氣師父、「阿芭光之花園」心靈工作坊負責人

一九九四年春天初萌三月，我到時報出版公司擔任文學主編，接替原主編銀正雄先生的工作。銀先生是我《尋找星星小鎮》（一九九三年八月十五日初版，時報出版「紅小說」系列）的主編，他很賞識這部輕盈的新類型城市小說，故而推薦出版，沒想到書出後半年，銀先生離職，我因緣成為他的繼任者。

一九九四年的臺灣出版界，適正蓬勃氣候，除了國內文學作家之外，大陸及翻譯文學也逐漸受到矚目，文青們一手握著村上春樹，一手握著朱天文，我以一個毫無文學背景（我不是中文系，而是商學院出身），憑著新銳作家身分，對文字的熱愛與敏銳，和幾年廣告文案創意、大學畢業後在錦繡出版公司的編輯經驗，來到偌大的時報出版工作，開啟我在此為時六年的文學主編旅程。

當時時報出版的總經理郝明義先生、總編輯吳繼文先生，都是對出版有見解和理想的前輩。時報說起來是國內數一數二的大型出版公司，有幾條穩定的出版路線：文學線、歷史線、財經趨勢線、生活線、漫畫線，以及書系「發現之旅」等等，有些出版路線開了後，因為經營不善便收起來的也有，像是童書線、語文線、《High》漫畫連載雜誌等。

文學線主要有：國際大師系列的「大師名作坊」、比較普羅的國外流行文學「藍小說」，和經營已久的海內外華文作家「人間叢書」，以及新開闢的臺灣新小說家系列「紅小說」。

大師名作坊主力作家有：G・賈西亞・馬奎斯（Gabriel García Márquez）、米蘭・昆德拉（Milan Kundera）、亨利・米勒（Henry Miller）、伊莎貝拉・阿言德（Isabel Allende）等等，還有最重要的義大利著名作家伊塔羅・卡爾維諾（Italo Calvino）。由於國際版權競爭厲害，比如馬奎斯的版權後來都授權給大陸，不再給臺灣出版社，米蘭・昆德拉的書臺灣除了時報之外，皇冠也有他的其他書版權，卡爾維諾很慶幸地，版權都陸續簽給時報，我去時報時，已經出版了他的《如果在冬夜，一個旅人》（吳潛誠校譯）和《看不見的城市》（王志弘譯），包括我到時報後出版的《馬可瓦多》及《給下一輪太平盛世的備忘錄》也都已經簽下了中文版權，也正翻譯中。一九九四年十一月出版的《馬可瓦多》主編仍掛名吳繼文先生，一九九六年十一月十九日出版的《給下一輪太平盛世的備忘錄》就由我掛名主編，之後，一九九八年我又簽下其他書的版權，在大師名作坊另闢了「卡爾維諾作品集」系列，陸續出版《巴黎隱士》、《馬可瓦多》、《如果在冬夜，一個旅人》、《分成兩半的子爵》、《不存在的騎士》、《樹上的男爵》、《看不見的城市》、《給下一輪太平盛世的備忘錄》、《帕洛瑪先生》、《命運交織的城堡》，到一九九九年十一月八日的卡爾維諾第一部長篇小說《蛛巢小徑》後，千禧年的首日我正式離開時報出版，恢復作家的身分。

我很榮幸，接手前輩的編輯之棒，在我手中完成「村上春樹作品集」和「卡爾維諾作品集」等全集，算是我在時報的編輯生涯中值得紀念的一頁，其他國內及中文作家部分，我整合了人間叢書和紅小說，創立了「新人間」系列，幾位重要的作家有：鹿橋、蔣勳、龍應台、朱天文、韓少功、劉克襄、許悔之、張耀、焦桐、邱妙津等等，還有一些經典暢銷書《牧羊少年奇幻之旅》、《戴眼鏡的女孩》、《麥迪遜之橋》等等。

二〇〇〇年到二〇〇二年我回歸作家身分，重新出版《閣樓小壁虎》系列，以及西藏旅行書、臺灣離島燈塔等，乃至我的城市小說系列《紐約倉庫小島》、《一場火車的簡單邂逅》……等，爾後我又去《聯合文學》擔任三年的執行副總編輯職務，二〇〇五年正式告別編輯檯，為我前後長達十多年編輯生涯正式畫下句點。

重新返回文學編輯檯的心情，其實和在時報出版時不太一樣，時報出版實行主編制，身為主編是一種莫大的榮耀，一方面主導著出版趨勢，二方面也代表著某種閱讀的知性與品味，但千禧年後的臺灣很快速地面臨文學荒蕪化的問題，原本主流市場已漸為網路小說取代，再者整體出版環境也日益艱困，出版社愈來愈多，甚至集團化、一人化，書籍也越來越多，但讀書的人口相對減少甚多，網路書店慢慢取代傳統實體書店，同樣紙本閱讀模式也在改變中，雖然我們這一代讀書人還是喜歡有感情的紙本閱讀方式，但是我們的下一代恐怕在電腦或手機閱讀上更勝一籌。

我不太擔心這些問題，但作為一個資深文學主編，我比較關心的是文學未來的趨勢，在二〇〇三年《聯合文學》（二二五期）七月號，我以〈文學，共同的躁鬱〉為題，寫了一篇我對文學未來的懷疑，收錄在我告別編輯檯的最後一部小說《最壞的時光》（正中書局出版），作為代序，如今看來是有點杞人憂天，每一個世代總有屬於它的文學樣貌，不管那是什麼類型或閱讀模式。

卡爾維諾這位傳奇性的義大利文學作家，於一九八五年準備動身前往美國哈佛大學發表演說前夕，不幸腦溢血辭世，為世人留下這五篇演講稿，也是五份給讀者的備忘錄，解說五種不可或缺的文學價值，這也是給廿一世紀的一份重要禮物，不僅在文學，而是整體的時代趨勢與哲思：輕、快、準、顯、繁。

當時這本書和《如果在冬夜，一個旅人》皆交由吳潛誠教授主持翻譯工作，由他教導的臺大外文系「翻譯及習作」學生擔任初譯，他本人又和其他高材生修校數次，一九九三年一月先出版了《如果在冬夜，一個旅人》，但《給下一輪太平盛世的備忘錄》經我一再催稿，三年後才面世，可見此書翻譯的艱難程度，其擴及的已不是過往的神話文學地圖，而是天文宇宙呈現的未來之軸。

此次，藉由小小書房的專訪，也讓我重新回顧過去的編輯旅程併小記。

——二〇一六年十一月八日鄭栗兒於基隆「阿芭光之花園」

專訪時報出版前文學線主編　鄭栗兒

問：吳繼文先生提到，成立「卡爾維諾作品集」系列，是他離開時報出版（以下簡稱時報）以後的事。這個作品集是在什麼時候建立的？

答：是在我手上建立的。當年我開始建立作家作品集的概念，除了卡爾維諾，也涵蓋國內外其他作家，包括村上春樹、龍應台等，書系編號也因而重整過。書系的重新調整，是為讓定位更清楚，並創造市場的需求，也讓每本書都有重新活一次的機會。卡爾維諾以及村上春樹的書，之所以成立作品集，也因為他們的作品中文繁體版權陸續都簽給時報，具有完整性；透過系列性的編整，也會讓人感受到「推陳出新」的活力，而不是老氣沉沉，因為時代是一直在演進的。

問：能夠建立起作品集的作家，是否能夠視為當時您心目中的文學版圖樣貌？

答：每年底，我們會規劃出下一個年度的新書提案，大致是我們心目中的文學概貌。當時我們的出版範圍，不僅是國際的作家，還有臺灣、大陸及海外的華文作家。那時還是文學興盛的時代，外文書的版權相對上比較容易取得，但臺灣和華文作家不免要和其他出版社競爭，大家搶作家搶得很厲害，所以年度新書提案中的部分作家，我們不一定能爭取到，因此那時當主編，有一項很重要的工作，就是必須和作家建立關係。

問：那時還沒有臉書、電子郵件、網路等工具，用什麼方法與作家建立關係？

答：除了打電話或用傳真機，也常約出來喝咖啡或吃飯，咖啡館扮演很重要的角色，是文人聚會的場所，那時幾家文人常去的咖啡館，有金華街的「南方安逸」、溫州街「挪威的森林」、永康街的「卡瓦利」、麗水街的「長春藤」等等，當然，更別提仁愛路誠品書店的誠品咖啡，誠品書店在臺灣近代文學絕對扮演著推波助瀾的角色（編按：以上均位於臺北市）。

此外，寫信也是主要的互動模式，比如逢年過節一定要寫卡片問候，平常信的內容會談些社會、文化變貌、生活感觸，主要是約稿，或者催稿詢問進度，就是一種書信往返的心靈交流，很多信件讀來就像一篇文章，充滿吉光片羽的智慧。

問：有留著當時的一些信件嗎？

答：有啊！比如跟鹿橋之間，就像父女之間的情誼，是我個人編輯史上一段很特別的緣分。我從小讀《人子》，長大讀《未央歌》，未曾想過後來能和作家本人，甚至是他生命的最後，結下這段書緣，本來鹿橋也不來臺灣，因年紀太大，經過中間往返，後來一九九八年出版《市廛居》，他帶著太太一起從美國飛來臺灣宣傳，讓我很感動。我離開時報時，他知道我在寫臺灣燈塔故事，還寄來一本美國版的燈塔書，至今我都還留著。

問：那時候主編的工作內容主要是？

答：當年的時報是採主編制，我們比較幸運，身處大主編時代的出版環境，文學還是一種主流，主編的工作從選書、約稿、審稿，到年度盈虧，都必須負完全的責任，選什麼書，編成怎樣的品味，通常都是主編主導，當時我線下有兩名編輯，一年要編四十八本書，等於一個月要編兩本書，當然還未到以書養書的出版緊張情況，但慢慢要朝向這個局勢前進，因為時報的業績壓力很大，要準備股票上櫃。

問：一年四十八本書，算是很大的出書量。怎麼應付這個出書量？

答：之前編輯的工作很龐雜，比如拿到作家或譯者的來稿，要先按照總字數估算臺數，然後發給美編做版型設計，再給打字行排版，接著發給校對者校稿，再發插圖及封面設計，校對者一校完，自己或作者再做二校，之後美編收尾，出清樣，還要申請CIP（編按：出版品預行編目）、ISBN……，發印後看打樣，有時候還要去印刷廠看樣，檢查色差有沒有太大出入……，比起現在的工序要繁複些，現在已經沒有出清樣這件事了，因為都是編輯或美編用電腦排版處理即可。

至於應付出書量，主編要負責稿源，除了固定的翻譯書，剛成立的博達或大蘋果版權公司也會固定提供國外文學新書，一些臺灣或海外、大陸作家也要經常保持聯繫，有時我們得跑一些藝文場合，或是和作家喝咖啡、吃吃飯，也要去大陸上海出差，還有參加書展等。

我們那個年代的出版社文學線主編，很多也兼具「作家」的身分，作家與作家之間的交流，就會有一些內在心靈交織的火花，因此，比起其他工作上的關係，有時候更接近朋友，甚至我覺得用「心靈的知己」來形容也不為過。

在編輯方針方面，主編要能夠掌握整體趨勢的sense。編書的過程是一個teamwork，每個成員都是獨一無二、缺一不可，就像我上面所談的編輯流程，就可以知道一個細節如同螺絲釘，都要緊緊相扣。

至於作者部分，我們要思考怎樣去發掘、怎樣去包裝、怎樣去呈現這本書要表達的概念？所以雖說是大主編制，但並沒有主編比較強，編輯比較弱的道理，大家都是一體的，各司其職。

問：當時出書的宣傳方式，主要是哪些？

答：副刊是其中之一嘛，包括《中國時報》的人間副刊、每周五出刊的《開卷周報》，以及《聯合報》的聯副、書評專版「讀書人」，還有就是刊登報紙廣告。書店行銷策略方面，一般配合除了折扣、小書展、攝影展，也會有新書發表會和座談會活動。

《給下一輪太平盛世的備忘錄》這本書沒有特別做什麼宣傳，因為卡爾維諾已經是一個品牌了。其實當年「大師名作坊」已經很有口碑了，所以像這本書的話，基本上知識分子或是文藝青年都會口耳相傳，但我們和誠品書店還是有合作「大師名作坊」系列的座談會，比如曾找過平路來談卡爾維諾，米蘭．昆德拉和其他作者，也找過南方朔、楊澤、楊照……等，每一場都非常精彩。

問：Marketing是您來主導，還是公司有專門的部門？

答：公司有企劃部，但主編也要協助到書店提案。比如說當時杜可風、張耀的新書，和誠品書店配合辦攝影展，主編也必須和企劃一起到書店開會，包括跟媒體記者聯繫等等，就是鍛鍊我自己處處廣結善緣。

問：回顧在時報任職期間，還有其他創新的嘗試嗎？

答：除了一般文學書外，那時我曾以「新人間特區」作為一種文學藝術的嘗試，強化書籍的整體視覺和設計感，以書籍美學作為編輯風格的作法，我那時算是走在比較前面的，像是一九九五年張耀《打開咖啡館的門》和他後續歐洲城市系列，杜可風電影幕後拼貼

《光之速記》，又比如說村上春樹系列，那時找Lucy（陳璐茜）插圖做統一的視覺設計，還有劉克襄的《小綠山之歌》開啟自然寫作；此外，一九九九年焦桐《完全壯陽食譜》和伊莎貝拉．阿言德的《春膳》，也算是臺灣飲食文學潮流的先鋒，當時壯陽食譜還在永福樓辦了一桌，如果我沒記錯的話。

問：當年在視覺方面有所突破，有沒有遇到什麼困難？

答：很幸運地，我處在一個可以嘗試的年代，大家一起共事，一起玩，用概念來玩書，先不要管最後能夠產出什麼，就是去試、去玩嘛，大膽去嘗試。

進時報之前，我在廣告界待了四年，負責文案、創意，比較重視整體概念，來到時報，很自然也用整體的概念來編書。《打開咖啡館的門》這本書，我放手讓美編試創意，而張耀也是很有自己想法的作者，他在歐洲受過文學藝術的薰陶，也在香港待過，有些大膽和全新的觀念，我們用視覺的、圖文書的方式編排，在編輯的過程中與作者有很多的碰撞與火花，造就了一本成功的書。我想，談咖啡館的書，即使放在現在來看，這本應該都稱得上是無出其右，也是影響臺灣咖啡文化的引領者。

問：您的編輯能力是如何養成的？

答：我在大學玩校刊開啟我的編輯能力，那個時代的人，就以玩的心態去做任何的嘗試，同時也找一些不同性格、不同專長、不同領域的人一起來玩，有很多的碰觸與碰撞。

我從小就立志要當作家，雖然讀了商學院，還是在搞校刊、寫東西，也打工，自由地闖盪世界，認識世界，父母不太會管我們，家裡環境也不是太好，所以從年輕時就一直在自立更生，嘗試各種的機會。畢業後我以一篇校刊發表的〈中國音樂之旅〉找到第一份正式的編輯工作。在錦繡出版公司擔任文字編輯，負責撰寫《放眼中國》套書。那時還沒有解嚴，對岸的資訊在臺灣算是很少，我們是用紙上漫遊方式，參考很多中國大陸及日本的相關資料，織寫成一篇篇遊記。後來一九八七年解嚴後，許先生（編按：錦繡文化董事長許鐘榮）進一步出版《大地地理雜誌》，找一些優秀的攝影和文字記者在中國大陸做第一線採訪。

之後我到人類出版公司，主編兒童書，再跳槽到華威葛瑞廣告公司當copywriter，在廣告界待了好幾年，後來時報的主編銀正雄先生離職，我心中一股想回到文學領域的信念，因緣際會，就到時報當文學主編了。

問：您從小就想要當作家，這個念頭是怎麼被啟蒙的？

答：我從小就喜歡寫字，也喜歡讀書，五歲時自己跟爸爸拿了五塊錢，跑到安一路（編按：基隆）的現代書局，買了生平的第一本書，是一本兒歌讀本，從小我就喜歡讀書，也喜歡朗讀書中的文字。那時候，讀了很多世界名著：《小婦人》、《傲慢與偏見》、《魯賓遜漂流記》……，小學讀太平國小時，還成立一個小型的讀書會，不但會交流書籍，還會分享心得。那時我自己有一個書架，開始藏書編目，收集文學書和漫畫書。

由於從小喜歡寫作文，那時也會投稿給《國語日報》，於是就慢慢地進入了文學的世界。從小我就立志當一個作家，就是做這件事情讓我很開心。

問：給這一個世代的編輯的建議？

答：首先，做一個編輯一定要有耐心，即使面對工作中枯索的部分，也要能夠享受那個過程。做一件事，很重要就是要好好享受，而不是趕著做完。編輯檯的工作有很多枯索的部分，比如申請 CIP、校對也是。不過，我很喜歡校對的工作，因為校對的同時，一本書也就跟著讀完了。

我後來為什麼離開編輯檯，是因為到了後期，市場變成以書養書，也逼得我們要一直出書，工作變成許多的「趕快」——趕快做完、趕快編完、趕快怎樣，自己好像也變成了文字女工，失去了在編輯過程中享受的那個部分。

第二個，身為編輯人，不是只有把手中的書編好、完成工作，就交差了事，而是要把自己定位成一名讀書人，無論如何都要讓自己永遠都是一個讀者。要保持閱讀的習慣，那是增加自己的厚度、建立起身為一個讀書人的品味，所以一定要充分閱讀。

還有一件很重要的事，要有憧憬。我們那個年代，跟現在這個年代有一個差異。我們五年級生是處在一個理想的年代，雖不像四年級生一定要成為一個有為的青年，一定要改變世界的遠大理想，五年級生的包袱相對之下少了一點，但我們還是有一些內在的、理想的層面，或說是一種小資的幸福和生命的優雅態度。我對主編這份工作的憧憬，就是讀書人與讀書人之間的交會，透過書，與讀者的對談，我們在創造一個文化、在創造一個時代的浪漫理想和文化厚度。

另外，做編輯不能太功利主義。當一個編輯，就不是功利的事，如果真的想要做編輯來賺錢，那我就勸你不要進這個行業，因為這不是一個功利的行業。

還有，做編輯，我覺得必須要練習縮小自我，那個自我一定要縮小。編輯的工作本來就是成就作者，是幕後的推手。本質上，要把工作當成修行，當作利他的修鍊，不要覺得自己本領高人一等，否則乾脆自己去寫書，當作者，不用當編輯了。

最後，還有一件事很重要，就是一定要精進自己，要與時俱進。一個活在現在的人，不受過去束縛，即使是過去的榮光，也要懂得放下，因為我們要永遠在創造。做一個編輯人，創造力很重要，我覺得我生命不同的地方在此，我一直覺得我是有創造力的人，所以我不會受限於我的資歷或我的年紀，而之前我做過什麼事，那些都不重要，因為回過頭來看，那又有什麼？但是最棒的是，我在這一刻，一直都在創造，這才是最有意義的啊！

專訪時報出版文學線主編　嘉世強

出版入行年資　六年
現職　時報出版文學線主編

問：這本書一九九六年出版，至今已二十一年。它的銷量如何？是否有改版的計畫？

答：它的銷量大概每半年都會有四、五百本，滿穩定的。我目前還沒有改版的計畫，因為很多學生把它拿來當作認識卡爾維諾作品的入門書。公司一直希望把它改版，然而我考慮到改版之後，定價極有可能會跟著提高，會增加學生的負擔。既然它已走過損益平衡期，已經是一本開始賺錢的書，就用長銷書的眼光來經營；像它被誠品書店選為「經典共讀計畫」中的一本，加了一張書衣，我們也沒有因此而調高它的定價，還是維持一百八十元。如果每本卡爾維諾的書，都被拉到一個高價位，對於經營這個作者不一定是好事。

我唯一曾經想要改變的是，因為它每一篇的譯者都不同，如果面臨一定要改版的情況，我會把每一篇都交給同一個譯者重新再翻譯。

問：這本書是根據英文版翻譯成中文。如果要重譯，會考慮由義大利文的原版直譯嗎？

答：只要是整本都用義大利文寫的書，我都是根據原文譯。我接手時報出版（以下簡稱時報）文學線之後，陸續出版了三本卡爾維諾的作品，包括二〇一一年《在美洲虎太陽下》、二〇一五年《困難的愛故事集》，以及二〇一七年五月要出版的《收藏沙子的人》，都是請譯者倪安宇直接由義大利文原版翻譯。

以前用英譯，是因為找不到合適的義大利譯者，或者是為了要趕著出書。但如果現在有好的譯者，又不需要趕著出版，何必再給大家一個間接的譯本？

英譯本有它的好處，因為英文的表達很淺白，能夠把一件事情說得很清楚。但是語言背後都有文化，義大利文譯成英文後再轉譯成中文，免不了就把一些文化給吃掉了。所以如果重譯，絕對是用義大利版本譯。

另外，重譯並不代表原來的譯本不好，作品新譯有時是為了update語言（編按：因應每個時代用語不同而重新翻譯），為新一代的讀者服務。舊的讀者，就有機會在不同的譯本之間做選擇，也是一種閱讀的樂趣。新的譯本，是讓書有新的說法，之前的譯本可能因為時代的緣故，有類似文言文的表達，但現代人說話很白話，新譯本如果比以前的版本更白話，也是一個特色。這跟譯本的精準度無關，而是每一個時代的譯本有即時性，每一代的人都可以用他那一代的語言去翻譯，下一代人再去譯下一代的。我手上的譯本，都是找臺灣的譯者從頭開始譯，不買簡體版的譯本，就是因為這個緣故。

話講回來，我希望大家就算不是學生，也可以拿起這本書讀一下，因為這確實是理解卡爾維諾的入門書，而且它其實是a book about books，是一本好書。

問：卡爾維諾的作品那麼多，為什麼它會是理解卡爾維諾的入門書？

答：有兩個原因。第一，它的書名很討喜，就叫做《給下一輪太平盛世的備忘錄》。第二，以書的角度而言，它的篇幅不大，讀起來不會有太大壓力，滿多學校老師拿來當教材，而且形式上它是演講稿，沒有很複雜的結構或修辭，很容易就可以讓讀者理解，這些文學書好在哪裡。

還有，它跟其他談文學批評的書稍有不同的地方，就是卡爾維諾個人的文采。卡爾維諾講事情的風格本來就引人入勝，他本來就不喜歡拉拉雜雜的所謂大河長

篇的書，他的作品幾乎都不是很厚重的書，因此，就是很提綱挈領地、非常言之有物地、邏輯非常清楚地，用五篇來講他眼中好的文學是什麼。他用的方式不是教讀者去讀經典名著或大書，而是告訴讀者哪些書是怎麼樣寫成的？而這些作品為什麼是好的文學？

卡爾維諾在這本書中昭然若揭地告訴讀者，他喜歡什麼樣的文學，他的個人觀點非常清楚，而不是用一個普世的、放諸四海皆準的文學觀點去談，因為他不是在做文學推廣，而是純粹分享個人的美學標準。我認為這也等於是提供了他自己的品味系統，提供了一個欣賞文學作品的方向。你看卡爾維諾交的朋友，比如羅蘭．巴特（Roland Barthes），或是他自己偏左傾的政治立場，都可以看出他本來就不是一個乖乖牌，他的作品也因此自成一格，用他的方式看世界、看文學。這本書除了幫讀者打開眼界，知道世界上還有那麼多以前不知道的書，甚至也可以為很多創作者指引一個方向，一個挑戰自我的方向，也就是說，能不能動點腦筋，讓書產生不一樣的趣味？

所以，卡爾維諾最常被大家提到的就是，他是一個嘗試拓展小說書寫疆界的小說家，也就是說，書，可以怎麼寫？書，還能變成怎樣？故事，還能夠怎麼說？所以很多人會說，卡爾維諾的書，不動人，他的小說中的角色不是會讓你很emotional的，也不是用寫實的手法，大多數在嘗試不同的形式，例如塔羅牌什麼的。在現在這個時代，我不認為卡爾維諾的小說是一般讀者可以很快喜歡上的，因為現在的人，很需要首尾一致的故事，很需要很清楚的結局，很需要情節的刺激。

現在很多西方的後現代作家，在臺灣都不像以前那麼受到吹捧，魔幻其實也是。後現代小說家例如《中性》、《少女死亡日記》、《結婚這場戲》的作者傑佛瑞·尤金尼德斯（Jeffrey Eugenides），或是我讀過的大衛·米契爾（David Mitchell）、品瓊（Thomas Ruggles Pynchon）等等，現在的讀者對這些作家的反應為什麼不像從前那麼熱烈，是因為現在的閱讀型態，已經扛不住這類型的書，主流讀者看到這些書會覺得「喔，好累」，他們的興趣不在這裡。

這類型的書，在上個世紀九〇年代是main stream，在現代則變成保存了一種文學的alternative，讓讀者作為參考。

舉例來說，村上春樹的主張是，小說就是不要全部的內容都好緊湊，它中間就是要鬆鬆緊緊，有的角色有時候要出來做點什麼事，比如喝喝咖啡什麼的，如果整篇一直快跑，讀者也會累死。卡爾維諾的說法就不是這樣，他會說，你不要浪費時間在這個事情上，因為他的書寫不填充情節，而是向讀者提出問題，要讀者思考。卡爾維諾的很多作品，一下子就提出問題，因為他認為作家最重要的事情，並不是讓讀者在閱讀的過程有一個愉快的joyride，而應該是要有主張的——要有形式上的實驗，要有意涵上的主張。卡爾維諾是左傾的人，他會對現狀產生質疑，所以他的作品就跟其他作家很不一樣；一方面我們也可以從他的評論之中，知道他喜歡什麼書、不喜歡什麼書，可以看出他有自己的品味系統，也看到其中的高低。

問：出版社選擇哪些書出版，或許也是一種品味系統，身為文學線主編，您如何看待「選書的眼光」這件事？

答：談到「選書的眼光」這件事，我以前覺得自己好厲害，好有眼光。進入時報的第一年，Amazon網路書店的前十名，有七本在我的選書裡頭，當時我覺得，我絕對有選書的眼光。

後來我才發現，眼光人人都有，而選書的眼光這件事情，是綜合性的，要跟做書的能力放在一起。如果做出來的書沒有人讀，不會有人知道你有這個眼光。比如說，你選了一本好書，可是呢，如果翻譯得零零落落、內頁編排醜得不得了，讀者心裡會想：「你連做書的sense都沒有，你書會選得多好？」然而這些過程，讀者沒有必要去理解你中間經過了什麼路，但最後就是你做出來的書與讀者之間，一個瞬間的對決。

問：在時報擔任文學線主編，是您踏進出版業的第一份工作，一開始如何培養選書的眼光？

答：我原本就是喜歡閱讀的人，來到時報之後，有一段時間，應該有兩、三年左右，我每天至少會讀完一本書或看完一部電影，周末就待在家裡看書，變成好像每天去運動一樣，就像不是有的人狂愛運動然後變成健身狂嗎？後來我意識到這樣的行為似乎有點兒病態，但是如果每天不這樣做，就覺得好空虛噢！我們每天都有一些固定的事情要做，比方每天也是要吃飯啊，那麼每天看書或看電影，也把它當成吃飯一樣，每天做那麼一點，有一天就突然感覺到這個每天累積的能量原來這麼強大。

這些累積的能量，讓我現在對故事非常敏感，不論是一本小說或是一部電影，我會很容易看得出來這個作者或這個導演要講什麼。我覺得主要是來自做書的訓練，因為書就只有文字，當你喜歡書、書讀了很多，加在一起的工夫，讓我很快能夠對故事的結構、鋪陳和張力產生高度的敏感。

問：您如何決定要出什麼書，不出什麼書？

答：我會先在版權代理公司提供的書訊、或是國外與新書有關的簡介資料當中，挑出我自己有興趣的，看了書訊和簡介之後，我就會找書來看。如果書能夠先過我這一關，讓我覺得好看，我才會考慮要不要出版它。

接下來就是考慮我和團隊有沒有能力詮釋這本書，直接問自己這個問題：「你到底懂不懂這本書？」並且思考，這本書與市場的距離有多遠？它會有多少讀者？它值不值得我的編輯花一個月、兩個月去做它？如果這些問題的答案都不成立，就不做，因為這個世界上還有好多的書可以做。

你要知道，做書不是編輯選書而已，後面接著要編輯，包括文編、美編、封面設計等，公司的業務要賣這本書，書店的選書人要決定是不是要賣這本書，然後送到讀者手上。如果書做得不好或選得不好，讀者看完還會罵你啊！

做書的人，要很在乎所出版的書，一定要能夠與讀者對上話。一本書的背後是一個龐大的生態鏈，不是某一個人就可以扛生死，所以前提就是，我讀完這個書之後，我真的喜歡它嗎？如果不喜歡，就不要做，這一點是我覺得最重要的。同時，書店的選書人很重要，他如果相信一本書在他的店能夠賣，就能夠讓這本書原原本本的，送到想要讀它的人的手上，那麼做書的人就知道可以用什麼樣的語言、什麼樣的切入點，去說這本書，達到它的效果。

另外有些書是我有被打動，但是並沒有被我列為出版的首選，那是因為除了「好看」之外，我有其他的考量。比方說，獲得二〇一六年美國國家書卷獎的小說：*The Underground Railroad*，不但入選為歐普拉讀書會（Oprah's Book Club）的選書，也入選《科克斯書評》[1]及Amazon網路書店的二〇一六年度最佳小說之一，但是我還沒有選它來做的原因，是因為這本小說沒有明確的結局，不適合臺灣大多數讀者的口味。如果我手上有其他選擇，它就不會是我的首選。

也有的小說，故事的哏鋪得很多，結局的收束也很精彩，但是書已經一路讀到第一百頁，故事都還沒有發生事情，如果我是大多數的讀者，一定會覺得這個作者很囉嗦。像這樣的原因，就曾經讓我忍痛捨掉一些好書。所以現在最可惜的是，具備耐心的讀者在書市裡是少數，否則對一個有能力在故事上開枝散葉，又能夠收合結尾的作者，特別是debut novelists（編按：書市的新人小說家），照理說應該要給他機會的。

1 編按：Jim Kobak's Kirkus Reviews，美國Kirkus Service公司所出版的書評期刊，每半個月發行一次，是美國社會大眾與許多公共圖書館經常參考使用的書評。

問：被您列為首選出版的小說，是否有特定的樣貌？

答：我選的書基本上偏向寫實與當代生活。我來到時報後耕耘的一些作家，在這六年間多多少少已經建立了基礎，像是理查．費納根（Richard Flanagan）、柯姆．托賓（Colm Tóibín）等，因此我最近可以有空間做一些比較具有實驗性的題材，也持續簽下debut novelists的作品。這年頭，願意出這類作家作品的出版社並不多，因為願意跟出版社一起踏上探險之旅的讀者很少，大多數讀者會把錢花在有名和熟悉的作家身上，不想要冒「浪費錢」的風險。

但是，我還是要簽debut novelists，因為他們將來可能會紅。如果我要維持時報文學線這個品牌的活力，debut novelists是不可少的。美國作家喬治．桑德斯（George Saunders）就是一個成功的例子。我在二〇一五年三月出版了他的小說《十二月十日》，當時沒有人去做他的書，那你現在看看喬治．桑德斯有多紅。當然，在我手上的新人小說家翻譯作品，有的成功做起來，有的還沒有做起來，像《老虎的妻子》作者蒂亞．歐布萊特（Tea Obreht），就還沒有寫出第二本。即使如此，對編輯和讀者來說，這都是一個值得踏上的旅程。

問：聽起來，做翻譯書是有Know-How的，並不是把內容翻譯成中文就可以出版，關鍵在於用什麼角度詮釋一本翻譯小說，可以讓來自異國的作品，盡可能地接近臺灣市場的

讀者。一本書，究竟要把它做成一本什麼樣的書？該怎麼去為它定調？怎麼去找到對的方向？

答：六年來，我不諱言有一些錯誤的經驗，包括有些書的書封沒做好、書名沒取好、文案沒寫好，或是覺得文案明明寫得很好，寫得也很正確，可是卻不奏效。甚至有時候所有該準備的都準備好了，結果市場出現了一本更厲害的書，大家的注意力都被那本書吸走了。做書的變數其實很多，然後作法上也沒有任何SOP可以遵循，每一步的經驗，就是幫助你踏出下一步最好的老師。

我在操作路徑上改變最大的翻譯作家，是吉本芭娜娜。

有一段時間，我把她的作品定調在「療癒」，因為「療癒」會帶給人輕飄飄的感覺，而我認為那是讀者要的，所以會把重點放在小說中的異國情懷、故事發生地點的人文與環境特色等等，一些可以帶給讀者小確幸感受的部分。

然而，市場的回應與我的預期有落差，於是我重新再讀芭娜娜的書，發現重點並不是在故事情節的趣味，她也不是要用小確幸來調劑人生，書中的角色其實都是在生活中處於關卡中的人，所以做她的書，更要小心謹慎。於是我開始做出調整，吉本芭娜娜的很多書，銷量開始日見起色。

我是怎麼調整的呢？像我做《在花床上午睡》（二〇一六年四月出版），故事情節有靈力、占卜、女同志，等等。如果是按照以前的作法，我可能會強調書名提到的「花床」有多麼可愛，或者有什麼特別有意思的故事情節；但我讀了之後，認為這個故事比較偏向New Age，所以就用這樣的文案：「以前的人無法好好形容它，所以稱呼這為神……」這樣讀者就很自然地知道說，喔，這是一本有關靈性與生命智慧的書。我很清楚地讓讀者知道，花床是主角的外公告訴主角的一種迷信，另外也提示讀者，故事裡發生了很多黑暗的事。從市場反應我們知道，這些，都做對了。

接著做吉本芭娜娜的下一本《千鳥酒館》（二〇一六年八月出版），如果是我以前的作法，就會強調英國的英格蘭島西南端半島康沃爾（Cornwall）最西端的城市彭贊斯（Penzance）這個地點的異國風情，並且用很曖昧、暗示的方式，來引起讀者注意其中的「同志情誼」的情節張力。

然而，我讓讀者清楚地知道，故事是講兩個四十歲左右的女人，一個剛離婚，一個頓失摯親、沒有伴侶，兩個人到海邊去，結果發生了「同志情」；其實她們並不真的是女同志，可是吉本芭娜娜傳達了她對於情慾沒有blame，主角們在彼此都很失意的狀況下，用了一個另類的方式，給了彼此一個安慰。讀者可以看見，主角們如何為自己的人生做出了選擇，也會看見她們其實是能夠有選擇的。

問：《給下一輪太平盛世的備忘錄》是屬於書系「大師名作坊」，您還負責哪些書系？

答：我負責的書系以翻譯作品的「大師名作坊」和「藍小說」為主，偶爾會做以華文作家為主的「新人間」書系。至於時報曾經有「紅小說」書系，在我接手之前，這個書系就已經成為歷史了。

現任的趙董事長兼總經理上任之後，書系的經營方式有所調整，朝向一個比較開放的轉變，其他路線出版的文學書，也可以掛在「大師名作坊」和「藍小說」書系之下。以今年一月出版的村上春樹《你說，寮國到底有什麼？》為例，就是議題線同仁負責的作品。

至於同樣都是翻譯作品，哪些書會被歸在「大師名作坊」，哪些書會被歸在「藍小說」，以我的作法，大致上是這樣區分——在純文學領域有其特殊地位與重要性的，歸在「大師名作坊」；而比較大眾路線的則歸為「藍小說」。

我比較少做「新人間」書系的原因，是因為我一年必須要出版二十五至三十本書，手上的人力又不多，無法負荷兼顧華文作家與翻譯作品的工作量。這麼說吧，出版一本華文作品的時間和力氣，往往抵得上五本翻譯書。華文作家的編輯方式，與外文書的編輯方式有很大的差別，做華文作家的書，必須隨時理解作者的進度、掌握他的創作情緒，是一個很綿密的溝通過程，編輯端必須為此投入許多的時間和心力。

問：您接手「大師名作坊」和「藍小說」這兩個書系之後，曾經主動做了哪些調整？

答：我接手之前的「大師名作坊」，書系裡的作家大部分都已經過世。接手之後，我就立志要以在世的作家為主力。之所以做出這樣的調整，有一個原因是過世作家的作品，大部分是公版書，而公版書人人都可以做，比較沒有成就感。

六年來，我簽下了幾個代表性的作家，包括珍妮佛・伊根（Jennifer Egan）、班・方登（Ben Fountain）、理查・費納根（Richard Flanagan）、柯姆・托賓（Colm Tóibín）等等，在市場上都有不錯的回應，陸續還會引進很多在世文學名家的作品，會讓「大師名作坊」不斷展現活力，帶領讀者接觸不同地區、不同領域的文學大師，感受到他們的作品是值得一讀的。

問：面對資訊爆炸的社會、出書量爆炸的書市，您如何看待「書」在人們生活中扮演的角色？

答：我認為，現在最大的問題是，當人們感到心中出現需要被填補的空白，書，不會是提供這個空虛的填補的唯一選項。可能你去看了一個抽象藝術大師的展覽，心中需要填補的空白，就已經被填補了。

人們當然知道有一些書是好書、是值得花時間靜下心來讀的書，但是由於本來就沒有建立持續閱讀的習慣，再加上分配給「閱讀」的時間已經很少了，還有就是生活的內容中缺乏刺激閱讀的推動力，於是書就變成只是生活中的某一種調劑，而讀的書也偏向越來越短，越來越輕鬆。

至於那些願意花時間讀書、甚至願意「啃」難讀的書的人，在讀完了一本很厲害的書之後，會想要找人講、找人分享，但是卻很難找到可以討論的對象。這個狀況，呈現了現階段喜愛閱讀的人，其實處在同一種孤獨之中。

問：那麼，您如何看待「編輯」這個工作的價值？

答：大部分的人，把出版社的編輯視為一個office job，但其實不是的，除了排版、校對、變身卡車司機幫忙搬書……這些事情，「選讀」這件事情才是編輯的身分。也就是說，編輯不只是一個editor，editor pick才是「編輯」這個工作的價值，這裡頭包含了他的興趣、人文素養、學術背景，以及工作經歷，每一項都很重要。

日本的《文藝春秋》，在五、六十年前並不是一本一本出的，而是用會員制經營，讀者交了年費之後，每一個月會收到一本書，但你事先不會知道是什麼書，有可能是一本波蘭文翻譯過來的書，或者是一本東歐捷克的小說。這些書就是靠編輯讀了很多書之後選出來的，每個月讓你對世界文學產生興趣，這就是編輯選讀。

書是文化事業，需要時間累積，效果通常不會是立竿見影，而是跟時間賽跑，看最後會有什麼結果。我覺得做一名編輯，很重要、最基本的事情就是，不要把它當成是一個

job，而是你有something to say。《天才》[2]那本書的主角——編輯麥斯威爾．柏金斯（Max Perkins），他雖然不是一個storyteller，但他做了一件很好的事，就是他幫很多作家更有效率、甚至更好地說出一個精彩的故事。

作家就像是魔術師，而編輯呢，就是找到高明的魔術師，並且讓魔術師的魔法可以更加地發光發熱，同時也要有能力知道哪些魔法行不通，他們之間的關係，如同伯樂跟千里馬的概念。

那麼，編輯做書是為了什麼呢？我認為是跟文化對話。編輯如果做出一本好書，對產業和社會大眾有影響力，甚至若干年之後，人們還會記得「噢，這個出版社出過某某書，那是一本好書」，那麼，即使走過的路再艱辛，一切的努力就算是值得了。

2 史考特．柏格（A. Scott Berg）著，《天才：麥斯威爾．柏金斯與他的作家們，聯手撐起文學夢想的時代》，二〇一六年，新經典文化出版。

單車失竊記

專訪麥田出版副總編輯　林秀梅

出版入行年資　共二十年
現職　麥田出版副總編輯

採訪、整理、撰文／虹風　攝影／李偉麟

《單車失竊記》
吳明益著
麥田出版
十年銷售冊數　一百四十三本

前言

與秀梅初識，是陳雨航先生還在麥田出版的年代。當時秀梅是文學線的編輯，舞鶴先生的《餘生》才剛出版沒多久，我則在《誠品好讀》擔任編輯。麥田的辦公室還在信義路二段時，有時會因為公務前往商洽，隔一條街，大樓對面便是人聲鼎沸的永康街，相偕前往附近咖啡店談書，頗有一種在市井間聊書的興味。信義路時期的麥田，跟城邦底下幾間出版社合租一層樓，出版社之間用高過頭頂的木作書櫃隔間，沿著矮窄的書櫃通道前行時，會有一種要前往祕密基地的感受。牆內偶爾傳出笑語，讓我對編輯工作浮想聯翩：編輯檯作業如何進行？編輯是否需要一起討論、激盪？跟作者之間如何協調工作、如何邀稿、修改……能夠在第一時間就讀到心儀作家的稿子，想必是幸福的吧？

偶然，有次跟秀梅電話中聊起雙方的近況時，才羞愧自己的想像如何天真。大約是二〇〇二年前後，網路小說正是蓬勃興盛的時期，我一心以為，專注於華文經典文學出版的麥田，跟這個浪潮理當無關。沒想到，秀梅笑著說，她也是要一手做好賣的網路小說、輕文學，一手編當代華文作家的作品，將麥田的招牌扛好。兩種不同的創作思維、閱讀分眾，編輯要如何在這之間取得平衡？這個疑問沒等到解答，在這次的訪談中，她便提到，二〇一四年時，有感於網路原創小說放在麥田底下並不合適，便建議公司另立品牌來做，因此後來便有「晴空出版」，以輕文學、羅曼史的路線為主。

麥田合併入城邦之後，這十多年間，秀梅從編輯一路做到副總編輯，歷經四任總經理（陳雨航、涂玉雲、陳蕙慧、陳逸瑛），從一間小型的文學出版社，逐漸成長到目前已經有六個編輯室、每月約有十二本書出版的中型出版社規模。多年未見，時光改變了許多事，但它仿若未曾在秀梅身上留下刻痕，說話、微笑時的眼角、神情都跟當年認識的編輯秀梅無異，絲毫感覺不出有副總編輯的氣勢或架子。

秀梅現在是麥田最元老的編輯之一，但這也表示，她也是一直面對流動的人事、新進人員，以及在這樣的環境底下，不停地挑戰自我、刷新自我舊有的習慣、認知，那樣的角色。她談到當年航叔離開時，完全沒有選書經驗的自己，得硬著頭皮去洽談作者；談到在城邦體制底下，精細的出書成本計算，她要如何實踐自己對於華文文學出版的堅持；談到，面對時代撲來的閱讀大退潮，老字號的麥田如何因應一年一年萎縮、消退的市場時，她溫婉的口吻，微笑的神情裡有一種對於未來文學世代的信心與肯定。

秀梅是屬於我所認識，與上一代的編輯接軌的資深出版人。她從上一代編輯那裡所學到的、所繼承的無形資產，使得她面對變動的環境，還能保有一定的堅持；但面向新時代，隨著網路世代風起雲湧、一波波衝擊著紙本書出版市場的浪潮，她也有所折衷、改變。

像一股蜿蜒的小河一樣，每當想起秀梅時，我會浮現這樣的畫面：在顛簸起伏的山徑上，小心翼翼地前行；流經平坦的河床時，放鬆地大聲唱歌；要躍下懸崖時，告訴自己不怕不怕，這是必經的歷程。會有畏懼，也會害怕，會有擔憂，也會有快樂的時候，像小河一樣一路前進的她，彷彿在告訴我，她一直知道，最後，終會抵達大海的。

每編一本書，我想，也是這樣的心情吧。

訪談

問：《單車失竊記》收在麥田「當代小說家」書系，這一系列最初是由陳雨航先生提出，他和王德威老師規劃，具體是怎麼開始的？

答：《單車失竊記》這本書是放在「當代小說家Ⅱ」。「當代小說家Ⅱ」跟「當代小說家Ⅰ」的定位有點不同。「當代小說家」書系的源頭是在陳雨航，航叔時代。航叔跟研究華文文學的王德威老師，很早就開始合作麥田人文書系。當時航叔想要做一套具當代意義的文學書系，他就找了王老師合作。一開始這套書的名單與人數並未事先決定，但選擇合作的作家很明確是扣準當代小說創作已有一定成績的代表性作家。本數上是陸續選，最後才敲定這二十位。

第一本是朱天文的《花憶前身》，延伸到當代中國、香港、臺灣作家裡一九五〇年代那一輩的代表性作家，最後則是落在黃錦樹跟駱以軍。駱以軍算是他們的後輩，以他來做這個書系的最後一本，是有意涵的。第一是王老師對他的肯定，第二是承先啟後，希望後面還有當代小說家可以進行。「當代小說家Ⅰ」的名單挑選非常嚴謹，並不是一個開放書系，而是有本數限定及一個時代代表性作家的意涵在裡面。作者名單的產生，一開始，有些是王老師的口袋名單、或是航叔最早期在遠流就有合作過的，像中國大陸的作者，王安憶、莫言、余華、蘇童……等等。

「當代小說家」是麥田很重要的書系，當時負責的是一個非常資深的文學主編黃秀如，我是她底下的編輯。我真正接手是在她離職之後，從第十三本施叔青的《微醺彩妝》、第十四本《餘生》，一直到現在。

問：接手第十三、第十四本的時候，後面都已經決定好名單了嗎？

答：其實沒有。有些是一開始就訂下的名單，有些是陸續透過作家推薦而產生。舞鶴是施叔青推薦給王老師的。施叔青曾讀過舞鶴獲得中國時報文學獎推薦獎的《思索阿邦·卡露斯》，她相當讚賞這位作家，因此推薦給麥田。

「當代小說家Ⅰ」的核心概念是推薦作者，不只是推薦作品。我們是以作者為主，只要認定你的文學成就足以代表當代的重要性，我們就會選入。以舞鶴為例，那時《餘生》他還沒開始寫，但麥田已跟他提出合作邀請，他剛好那時已有要開始動筆寫《餘生》的計畫了，因此當時他一口答應。

問：「當代小說家Ⅱ」的名單選定，也是有限定本數的非開放書系嗎？

答：「當代小說家Ⅱ」的邏輯跟Ⅰ不太一樣。「當代小說家Ⅱ」最初始我也沒有參與。當時是現在聯經的總編胡金倫還在麥田的時候，跟王德威老師以及當時的總經理陳蕙慧討論而產生的。跟「當代小說家Ⅰ」的名單相較，Ⅱ在讀者看來，可能就會有一點混亂、參差，作家年紀也會有落差。因此，我接手的時候，就想要把它朝開放書系的概念來做。

問：《單車失竊記》當初洽談的因緣跟歷程？

答：吳明益在《單車失竊記》之前，散文《迷蝶記》是在麥田出的，由當時的文學編輯，也就是後來夏日出版社、日出出版社的總編陳靜惠負責。小說的部分，大約在二〇一三年，王老師向吳明益提出合作邀請，他的回應是善意的，後續我就跟他約見面。那時他已經有想要寫的小說構想，就大概跟我提了一下他的計畫。因為他在東華教書，剛好隔年可以有一年的休假，這讓他可以有充足的時間去研讀所需要的資料、寫作。

問：談的時候會先簽約、預付版稅嗎？

答：沒有。一般我們比較少會先預付版稅，合約也大部分是待作者已明確即將完稿時，才會進行簽約；一方面這些作者都是有誠信的人，另一方

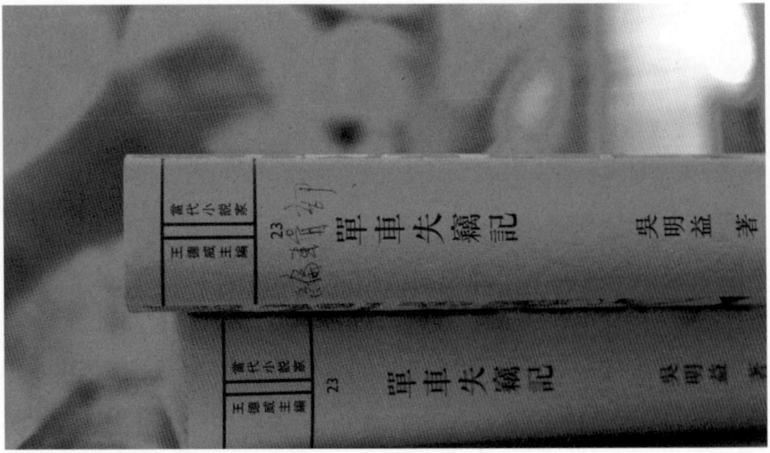

面也因為有些作者還不確定什麼時候會寫好。有時若有預付版稅，通常是出於作者當時可能需要這筆錢。因此，通常王老師寫信、作者有善意回應，接續洽談之後，大部分的時間，就是等待，有時候等一年、兩年，我們不知道。

問：一年、兩年中間不會催稿？關心一下作者？

答：這是編輯工作一定要做的。跟作者催稿是技術活，因為你不能沒事一直跟他說：我要跟你催稿。我腦袋裡會有一個名單，哪個作者我應該要去聯絡了；另外，公司有節奏的工作規劃也會有所幫助。每個編輯有自己的做事方式，就看他跟作者如何互動。我自己跟每個作者的催稿方式都不同，通常會想一些事情寫信給作者時順便問，譬如每半年跑版稅報表的時候，或者剛好有人來邀演講時就會順便問。新作者的話，因為現在拜臉書之賜，聯繫上很方便，可以看到他們的臉書資料，作適時的回應，這也是一種自然的互動。

以吳明益的例子來說，他的稿子我沒有一直催他。因為我感覺對他比較不適合一直催問。我認為他是一個自律性很高的作者，而他也確實就在那一年把小說寫出來了。

問：《單車失竊記》出版時的行銷推廣計畫相當龐大，是由誰提出？

答：這本書在包裝行銷上我們大部分尊重吳明益的提議。一般文學書，尤其是小說，在編輯面上我們能作的其他延伸想法很有限，這本書算是比較能有多一點的延伸想法的，例如書中有不少有關單車的知識性文字及手繪圖，以及書末有一張與小說內容主旨有呼應的手繪年表等等。行銷方面，當時吳明益跟我們提要騎老鐵馬巡迴獨立書店的想法時，我們真的覺得很有趣，一般若是想法比我們好，我們都會尊重，並且很樂意配合。

明益是個會替出版社及讀者著想的作者，以騎老鐵馬巡迴獨立書店的活動為例，當初規劃時，我們很擔心老鐵馬中途壞掉，曾問他要不要我們跟，他說不用。另外也有提可不可以找人跟拍，但他也不希望讓讀者覺得這本書的行銷方式太賣弄。他就是很單純的要走完這個儀式。有些獨立書店可能人很少，他也願意去；過夜的地方要幫他找，他也說不用麻煩我們，他說行程中，有些是書店可以提供協助，所以，他也盡量不希望花出版社太多行銷費用。

問：出版社在編輯這本書時，與編其他書較不同的地方是哪些？

答：一般小說創作的書，編輯面相對單純，編這本書時，我印象最深刻的是明益的用心與細心。一般我們都會問作者要不要校稿，大部分都會說好，但細緻度吳明益最強，他的讀者也會幫忙校對。另外，他的太太也會協助校稿，而且她不只是校錯字，還會校邏輯。另外，《單車失竊記》裡面因為有臺語、鄒族的語言，吳明益會再特別邀請相關專業人士幫忙作校訂，臺語校訂是吳明益找的，我則是幫忙找鄒族的長老來協助，在書的後記都有感謝名單。吳明益是一個非常認真嚴謹的作者，在這些細節上面，作為一個編輯，

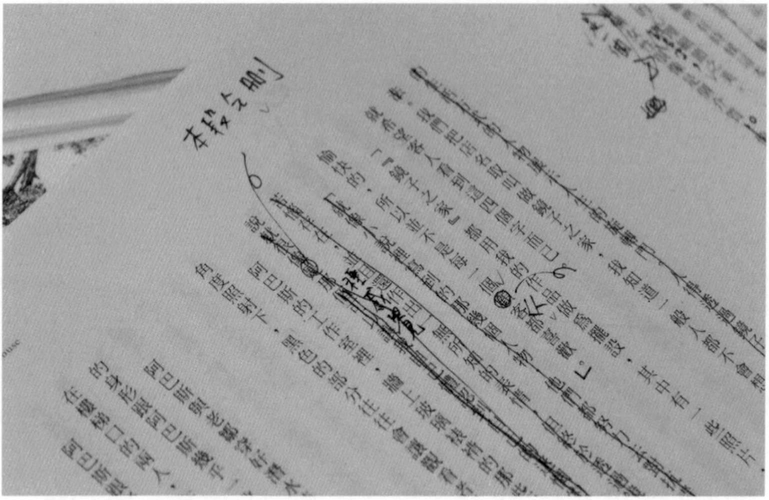

我的細心度就顯得不足。編輯這本書時，我不斷地反思自己，學習到很多。

問：編輯校稿之外，這本書的封面設計、行銷主要是以吳明益的想法貫穿，出版社不會覺得沒成就感？

答：我並不這麼認為。在我看來，不分作者或出版社，誰的想法較好，就依誰的；我並不會覺得如此有什麼不當；因為前提在什麼是對這本書較好的方式。尤其像吳明益這樣的作者願意把他重要的作品交給我們，我們就很感謝、就有成就感，因為我可以有機會第一時間拜讀到好作品，參與產生出一本好書的過程，這件事本身就讓我感到滿足；當然，這同時也讓我有學到一些東西，例如更專業嚴謹的工作態度、更有創意的行銷想法等等，有可以學到東西，也就沒有浪費這件事。

問：《單車失竊記》一版跟二版有什麼不同？

答：封面的紙質不同之外，第二版加了王德威老師的序。通常「當代小說家」書系，每本書前面一定放一篇王老師的序。但吳明益希望，第一版時先不放王老師的序，到二版再放。王老師也尊重他。

問：做《單車失竊記》的時候，您已經在麥田十八年，當初是如何踏進出版業的？

答：我是念臺大夜間部中文系。我的高中老師是林雙不的太太王瑛芳，王瑛芳那時候很疼我，她知道我需要工作，某天打電話問我要不要上班，叫我去金門街的前衛出版社。當時的前衛跟黨外運動關係很好，我在前衛非常愉快，認識很多有趣的人。那時根本不像是在編書，倒像是在學校的社團。在前衛做編輯，一做就五、六年，可能因為我的老師的關係，他們也沒有逼我一定要幹嘛，也不用邀作者，單純就編書。

離開前衛之後，就去洪美華創立的月旦出版社工作，月旦是做法學書起家的，那時她成立一個做文學書的品牌，叫「月房子」，做沒多久，我又回彰化老家做代課老師教書。可是，面對學生我又沒什麼耐心，後來還是上臺北。那時候不想待在體制內，想要自己做工作室，就跑去書店看哪一家出版社的書我喜歡，看到麥田出的小說跟散文，我自己很喜歡，就打電話去出版社跟他們說我要接案子，他們幫我把電話轉給航叔。航叔後來跟我約見聊，聊完，他突然說：「你要不要來上班？」

麥田最初在雲和街，我在主編黃秀如的底下做。編輯部有八個人左右，出版線有文學、人文、軍事、歷史，環境很單純，一開始也沒有行銷。業務的話是蘇拾平（編按：業界習稱他蘇公）跟謝才俊。我那時對出版沒有特別的熱情，但這樣的環境我喜歡，可以看書，人際也滿單純的。那時候航叔會給我們每周半天的時間去逛書店，我們會去唐山、誠品，在臺大附近混，有時也會跟同事跑去看電影。

基本上我是一個工作性格較穩定的人，我記得當年月旦出版社的老闆洪美華曾經形容過我說：「秀梅是個有效率的公務員。」我會很有效率的把工作完成，會在時間內把事情做到應該要有的程度，但我不會把生命時間全都投進去。我雖然進這個行業的時候沒有什麼想像，不過我很快就發現它滿符合我的性格。人的生命總要做點什麼事情，出版業雖然不是最夯的，但有些東西是你可以在這裡實現的。

問：航叔等於是麥田的創始元老，他為何想要離開麥田？

答：當初航叔跟另外四位出版人貓頭鷹郭重興、商周何飛鵬、後來從麥田分出去的臉譜蘇拾平、格林郝廣才去找詹宏志先生商談，詹先生找到香港的資金，也就是現在的老闆，一同成立了城邦。當年的這幾位出版人，後來慢慢離開城邦，各自有自己的事業規劃，現在城邦由何飛鵬主持。

航叔是麥田的創始老闆之一，我覺得他是比較創作性格、文人性格的人，他有他自己的一套出版想法，但因為城邦的營運方式比較是商業公司的模式，可能後來航叔覺得他想實現自己對出版的想法，因此選擇離開。

問：一開始您就知道麥田要合併入城邦嗎？對您的工作有什麼影響？

答：那時要合併進城邦，我們是懵懂的。有一度還以為麥田要收了，但後來加入城邦，我們就可以繼續工作，對我來說沒有太大的影響，不過，編輯的角色、工作內容有一點改變。在航叔時代，他就是選書人；他離開以後，涂玉雲涂姐接任麥田的總經理，她也會幫我們選書，但同時她會希望我們每個編輯應該開始培養負責自己的書系選書的工作能力。

我的選書經驗一開始很薄弱。以前雖然跟著航叔工作會有一些無形的影響，不過，當時沒有一本書是由我自己選的。到涂姐上任時，航叔已經去開了「一方出版社」，我得親自上陣去選書，等於得硬著頭皮跟前輩競爭。那時候沒有想那麼多，真的是初生之犢不畏虎。

做華文書跟翻譯書不一樣，華文你得去面對作者，而這要談到文學編輯角色的時代轉變。以前的文學編輯，像航叔那一輩的前輩，我認為是最好的，他們有一個角色跟背景，足以跟文學作家有一個平行的位子。但在我這個時候，我是nobody。我確實是硬著頭皮以麥田的品牌來邀作者合作。通常他們還滿賣麥田的面子，這一點我認為是航叔幫麥田奠立了一個很好的人文跟文學品牌的基礎，所以即便我不是像他們那樣背景的人，來接手麥田的文學與人文領域時，也可以做到一個程度。

那時候最明顯的是余華的例子。

航叔出去開出版社，一定會把他以前的作者找去。我那時就想去突破，哪些是他不一定會找過去的。莫言、王安憶，蘇童跟航叔合作很久了，一定會跟著航叔；但我做過余華的書，我就試著聯絡余華跟李銳，余華很快就回應我。但你也不能只跟作家提我要幫你出書嘛，因此，那時我也需要去想，怎樣讓作家覺得你是可以合作的。

我跟余華提要開他的作品集，跟他提沒有出版過的《鮮血梅花》那幾本中篇小說集，他就馬上回應我。那個年代可以這樣做，但現在，要幫作家把小說、散文全都出書是相當難。也因此，後來只要有小說他都會寄給我。他會願意繼續在麥田，我想也跟麥田加入城邦之後的經營規模有關。以大陸作家他那一輩來說，在國外都是交給大出版社做，像Random House[1]這種規模的。

1 編按：Random House，臺灣通譯：蘭登書屋。

問：做這麼多年的編輯，跟剛踏入這個行業時的差異在哪裡？工作上有什麼改變嗎？

答：編輯角色這些年有很大的改變。以前航叔時代，沒有規定我們一個月要編幾本書，沒有那麼大的壓力要把它編完、出書。上班時間我也可以沉浸在小說、文學裡面，可以專心編書、校對，很享受。

現在市場變化很大，編輯不能只是在辦公室單純的看稿就好，現在看稿就得安排在家的時間，在辦公室因為各種事務交雜，較無法專心看稿。每天進公司第一件事要看mail，別以為mail沒什麼，其實它每天占據很多時間，每一封mail處理下來，就得花掉至少一個早上的時間；第二個是我們都固定會拿到銷售報表，每天就要上網去觀察現在的新書市況、類型；再來就是會議，占去很多時間。

像以前，我單單只是一個編務，但我現在最主要的工作，除了編務，很重要的一個是找書。因為我不是做翻譯書，翻譯書主要以看版權書訊為主；我是做作者書，因此我得去蒐集資料、去理解哪些作者是我要找的之外，大部分的時間就是約作者見面，所以開會、會議占去很多時間。

另外還有內部會議。每個月會有一個跟大老闆開的業績檢討會；再來會有「企編會」，是我們總經理跟編輯部、行銷部，還有業務部一起討論兩三個月後要出的書。此外還有不固定、機動式的小會議，比方說某本單書要跟行銷、業務一起單獨討論，或者說有些特殊販售方式，或是像吳明益這樣的大書，在企編會上只能聊重點，各部門得再自行討論要做的細節。光是這些會議，不管是會前的準備、會後的調整、聯絡都很花時間。

集團內還有三種固定的會：每個月有一個選書會，各編輯可以提出一到三個案子在會議上討論，不管是作者書或是翻譯書都可以。再來是談書會，整個第三事業群所有同仁一起開，每兩個星期開一次。編輯要做PPT檔、輪流報告下一季的重點書，藉由這個會議，我們工作者也可以得到大家一些資訊的回饋、交流。有時候可以談一本書，也可以談一個系列或者一個概念。編輯報告完可以提問問題，比如說我們會提問書名啊，或說這個作者的定位我們這樣想對不對，編輯包裝方式這樣好不好，等於有點像是一個集思廣益的編輯交流會議。

最後就是我們有所謂的「一本初終」會議。「初」是已出版三個月的書，「終」就是已出版六個月的書，一本就是一本書，公司會將每出版三個月或六個月的書做一個報表，這個報表可以讓我們知道這些書目前的銷售、出貨與退貨狀況，它可以讓編輯、行銷以及業務了解，這本書目前在這個市場狀況如何，我們未來選書或做書的時候，可以有什麼樣的調整。這個數字可以幫助我們去理解，或是檢討，當時因為做了什麼事情，或沒做什麼事情，或者哪件事情做錯，像是討論封面、書名、定位、包裝……等等，從整體來談。

涂姐在會議上，會挑那一期賣得最好的兩本書，請一個同事讀、分享為什麼那本書會賣得好，然後再請責任編輯去談，當時這本書確實是怎麼做、為什麼會賣得好，來做一個比照、交流，其實它對新人是很有幫助的，能夠讓同仁了解一本書銷售好壞的原因。這幾個會議都有點像是員工訓練的一種形式。

問：新的編輯您都怎麼帶？怎麼去定義一個好的編輯，過去跟現在有什麼不同嗎？

答：通常新同事進來，第一個月我就會讓他直接開始編一本書，但會先拿比較單純的、偏向創作類的散文、小說的書給他編，讓他了解我們希望編輯熟悉的細節。我會跟他說什麼時候要出書，那麼，編輯的流程安排、時間安排要怎麼做。編輯的時間控管很重要，因此要知道，從編輯到印書大概要抓多久的時間。編輯的過程中，每個星期我會跟他開會，若有問題可以提出來，這樣讓他正式進入編務。

每個人帶新編輯的方法不同，比如說，我的習慣是，我覺得每個人有自己的工作方法，因此我會講大方向，你找出你的工作方法，有問題就問，我比較不會去盯細節，但有些人可能覺得每一個步驟都應該要去注意他，會盯得較細。

再來，因為我們編輯室還是有一個大的出版方向，不是什麼書都可以隨便出，因此我會讓他知道我們編輯室的核心精神。不會一開始就讓他提案，通常會有差不多兩個月的緩衝期，然後你就可以開始學著提案。公司內部會有制式的提案表，上面會需要填上這本書的特色、定位，並且要做競品分析，尤其是外面書籍的競品分析，要去問人家數字，有時候不容易問到，得透過很多方式，例如從排行榜的書去推算出該書大約落在哪個銷售區間等等。

現在編輯的工作不只是編書，重要的是能夠選書、要有策劃力，他不一定要有編書的經驗，但你要有那個策劃力，我們反而會比較願意用。因為編務只要編個幾本書就上手了，但我們非常看中的是他具備的概念、想法、企劃力。

也就是說，就編輯面而言，過去編輯要做的，到現在基本動作還是完全少不了，校對啊、版面設計等等，而且越來越精細、越來越需要去突破。除了找作者之外，書要作多厚、版面要怎樣、印刷要不要做特殊加工，例如：燙啊，印特別色啊……事情越來越多，因此要提前作業，穩定出書，我們不能隨便延書；要自己規劃每年要編多少書、編多少預算。因此，不管一個編輯的能力有多少，從開始去找作者、到看稿、編書，整本書的企劃行銷概念要一起想。編輯已經不能夠只單純編書，即便你在跟作者談的時候，他都會想要知道，你要怎麼定位、包裝我的書。

這並非是從哪個時間點立刻變成這樣的，而是慢慢因應市場需求而產生的變化。

所以，我覺得，現在跟以前的編輯最大的差異，主要是企劃力，包括：從無到有生產一本你喜歡的書；找作者、找翻譯書，如何包裝定位它；編輯也要有行銷能力，雖然你不用去執行；要有穩定度之外，還要有創意，但那是可以訓練的。編輯變成不是單純的角色，比較像製作人，而不是演員，也不是出資者。

我覺得一個好的編輯，在態度上不要太自滿，覺得什麼都懂，那是大忌諱。要不斷去關注、反觀自己工作上的缺失、可以補強的地方。要不斷學習，對出版、對書有熱情，做有熱情的書。我對自己作為編輯的價值認定就是：把該要做的事情做到位。

因此，我想，編輯的認真度是可以拿出來講的。上一輩的出版人，對書是認真看待的，我覺得我這一輩的編輯還算是這樣。認真對待，然後希望自己的能力，能夠跟得上那樣的認知。

問：文學線的編輯，要有看文學作品的目光嗎？

答：要。不過，世代真的不同。在文學的目光上，我是認可上一輩的文學作品，可能我最早接觸的作家都是那個時期的。我不怕讀難讀的書，我反而沒辦法讀故事好看，然後，「沒啦」，那種消費型的書。作為文學編輯來說，我不太認同現在認為「過去的寫法怎樣，現在沒人要看」這種觀念。我認為那是退步，是因為你的閱讀能力沒有到那裡，不是那個東西落伍了。你看不懂、不喜歡，那沒關係，但不能說它落伍。文學是有脈絡的，看不懂，是自己眼界不夠。閱讀需要能力，是可以一直累積的。像我如果長久不讀文學性的書，閱讀能力會變弱。

問：除了「當代小說家II」之外，您手上還做什麼書？

答：差不多五、六年前，蕙慧時代時，我就想要做編輯主導性比較強的書。那樣的書不容易做，有些作者已經有知名度了，要怎麼邀人家來，總要想一個突破點，做出區隔。現在各家出版社搶作者搶很兇，有些作者雖然在麥田出，但別家也會來搶。我希望我做的書種可以拓展，因為不同世代喜歡的類型會有差異，作者書寫的方式也有差異，我會想要因應這個現象，去活絡麥田的文學品牌。

所以，二〇一四年我們規劃了一個以新時代散文為主的「Essay書系」。多年來麥田雖然是以出版小說為主，但我想做跟西方的essay類似、可以探討的範圍比較廣的書，把華文散文擴大一些，不一定是文學作者，有些可能是記者。這個書系前面幾本的書，第一本書是阿潑，有點報導文學；楊婕則是典型第一本散文作者會寫的，那種內在的、非常個人的東西。接下來有李明璁，我也希望能跟《擂台旁邊》的作者林育德合作，請他寫跟摔角有關的散文。主要是希望華文非小說的書寫題材、寫法能夠拓展開來。

問：麥田現在大多如何經營新人？

答：因為現在作家大家搶得很兇，我們找一個新人來不是把書出完就算了。以《擂台旁邊》的林育德為例，我們要投注相當的資源，行銷上要做很多；不過，後來也有很多露出不是我們刻意安排，是自己來的，這也有可能是我們的曝光有被看到了。今天我們在新一輩的作家上投入資源，也許未來我們要找哪一個作者，他們就會願意來。

就經營新人這塊，我們可能沒辦法像有些出版社那樣作帶狀出版；我們每一本書都需要精算成本，評估效益，不管是有形或無形的效益。以育德來說，我當時看他的作品，這個新人是我願意培養的，他有這樣的潛力，我會選這一輩有潛力的、找重點作者來合作，雖然十年後能不能變成重要名家我不知道。我相信帶狀出版的方式有它的難處，但我背後有公司、營運的壓力，因為作者會推薦作者進來，我也會遇到這樣的難處，沒有辦法每一個作者都出，目前都只能精挑作者長期經營。

問：麥田算老字號的出版社，這麼多年，在行銷活動的作法上有沒有什麼變化？

答：麥田是滿早就開始做面向讀者的行銷活動。早期，大眾類的書會去金石堂，文學書則去誠品。「當代小說家」書系剛成立時，在誠品敦南店就舉辦過大型的的活動，航叔把幾個大作家像朱天文等找去現場；鄭清文出版全集時，也邀請過詹宏志先生出席；也辦過舞鶴那本議題特殊的《鬼兒與阿妖》對談會，邀請王德威老師、陳雪、楊澤一起討論同志及性的議題；涂姐時代做沈富雄的書時，連SNG車都找來了；到蕙慧時代，麥田的行銷就做很多了，華文書的部分，有一年馬家輝《死在這裡也不錯》出版時，國際書展就把馬家輝、陳冠中、楊照都找來。現場活動的行銷宣傳方式一直都有保留下來，到現在臉書時代，行銷方式也沒改變太多。行銷部門會去經營臉書，現在那是必備的工作之一。

這兩、三年有變化的是，過去我們每年會把重點書放在國際書展，現在變得比較沒有那麼重要。一來，我們發現國際書展的月分短，反而那時書店的書能夠刻意操作的期限變短了；另外，我們也覺得國際書展的效益變差了。但我們會針對單本書提案，好好的操作它。我們會選擇提早操作、定位訴求，用新鮮的行銷方式來曝光它。若是很重要的書，就操作完整的曝光方式，也會在網書首頁幫你露出，像吳明益這本書，就把它排在博客來書展，效益就會出來。

一本書從內容到包裝，越來越需要一些很精細的操作。我當然很希望找有經營臉書啊、人氣很旺的作者，不過還是要內容好，那才是選書的第一要義。現在年輕人很願意經營自己的社群，但也有些作者不願意，不願意的話，就出版社來做嘛。

問：到網路時代，行銷部門要做的事情更多了，行銷部門是否越來越大？編輯跟行銷之間的合作模式為何？

答：我們行銷部門並沒有越來越大，只是每個人要更抓準重點工作，而且行銷操作的細緻度要更高，通路的操作手法也有所不同，我認為是網路書店的效益造成這樣的改變，像是贈品啊、推薦人……等等，要越來越多方設想。因為行銷不能重複，有些事情做多了，就得想新的，但新的總是有限，變成每隔一陣子就得要輪一次。比方說推薦人，以前是找作者，後來也曾出現找書店店長、臉書權威名人……或想辦法找媒體名人，一拿起書就大賣的那種。

不過，也有些行銷的手法我覺得是可以再改善的，像掛名推薦。以我自己的閱讀習慣來說，不會因為某個人推薦就想讀那本書，序跟導讀也是。文學類的書，或者說有些已經有知名度的書，我大部分都不會找人推薦或寫序。但是新人、或大眾類的書，推薦不能免。我們公司會希望編輯就是要手把手拉著讀者進入這本書。

在麥田，編輯跟行銷都是平行部門。航叔時代，麥田就有行銷；到蕙慧時代，她是一個滿重行銷的老闆，那時在內部建立起一套流程之後，編輯部跟行銷之間連結更緊密，等到書要出版的時候，編輯跟行銷就會一起動起來。因為我們每個月要去通路說書，就要跟行銷固定每個月兩、三次開企編會，這些都是現在必備的。

問：麥田的編輯部跟業務部也是平行的嗎？業務部不會來跟您們說這書不能這樣子做？

答：算平行。大家各有要負責的部分，如果以業績來看，通常新書業績編輯部要主力完成，但舊書業績則要業務部幫忙；雖是如此，畢竟出版是團隊工作的，業績還是全公司同仁的事。不過，在城邦有一個我喜歡的模式是，公司會尊重編輯的想法，有時候要決定選哪一本書或哪一位作者合作，大家意見有分歧時，公司會優先依編輯部的角度來思考。但這也表示他賦予你權力時，你也要負起工作重責。

問：麥田有不賺錢的時期嗎？

答：應該算有，早期的時候吧。一般情況是，公司可以容許你幾年的時間不賺錢，但你必須提出階段性的改善計畫，現在有在營運的，大部分都是獲利單位。以城邦的經營角度而言，我們會從出版書種、成本控管、庫存管理等面向來讓公司體質健康，從庫存、再製品、週轉率等等都有很細的算法，如果不健康，就要去改變你的書種，改善庫存狀況；當然，早期沒有這麼精算，因此庫存狀況太嚴重的，只好作報廢來改善。

現在是由業務部提每一季的報廢額度跟書單建議。像是：已經絕版的書，要優先報廢；再來哪些書單庫存量太大要提報廢。像文學、人文書我一定會留著，報廢的書種都是大眾類、短期消費類的書。人文報廢的最少，目前以我們編輯室華文文學來說，體質也已經調到它的問題不大。麥田這兩、三年是成長的，我認為在經過前面的調整，已經調得很健康了，長銷書也跑得不錯，這要感謝航叔幫我們奠定品牌基礎，是他無形的貢獻。

問：看到書報廢會不會難過？

答：看到書報廢是滿傷心的。早期印書不會管市場需求，庫存就是這樣來的。但如果算得很精準，知道市場需求多少，庫存就不會增加那麼多，無形的不動資產就不會增加那麼多。我們每年編預算的時候，都要提撥作為報廢書的預算。這是商業運作的模式，但是這套模式，我覺得縱使出版業也應該要這樣做。我要能夠一直生存下去，才能夠一直出我想出的書。

問：您在麥田這麼久，怎麼看待出版業長久以來的「寒冬說」？麥田面對「寒冬」可有因應之道？

答：十年前我們就覺得出版已經在谷底，沒上來過，我永遠都覺得在谷底，但沒有消失，感覺還沒有活不下去。到這兩、三年，以文學書來講，我們的印量是萎縮的，但還沒有萎縮到不能做。整體文學市場來說，我覺得萎縮的幅度還好。

我還有一個信心是，每一個時代都有喜歡文學的讀者。只要寫得好，把讀者召喚出來，那些讀者還是可以讓我們走得下去。

專訪新經典文化副總編輯　梁心愉

出版入行年資　共二十四年

現職　新經典文化副總編輯

採訪、整理、撰文／李偉麟　攝影／許閔皓

《浮光》

吳明益著

新經典文化出版

十年銷售冊數　一百三十七本

前言

1

《浮光》的篇章結構很特別，同一個標題之下，有「正片」與「負片」兩篇文章。以攝影史為主的「正片」，讀起來雖然不是那麼吃力，但是從第一個主題「光與相機所捕捉的」開始讀，「正片」不算圖片及註釋，正文只有短短十三頁，然而文中提到很多攝影術、攝影書，以及許許多多涵蓋小說家、細菌學家、文學家、攝影家、醫生、國會議員等等的人名，知識密度之高，還有作者拋出的好多問題，已經讓我的腦袋加速運轉起來。更別提文末還有三頁滿滿的註釋。

虹風知道我正在學攝影，因此把這個採訪任務交到我手中。我暫時闔上那十三頁，閉上眼，腦海中浮出一個左手垂拿著相機的人形，我看不到他的臉孔。

「喂！」我喊他。

「如果換成是你，你寫得出這樣的一本書嗎？」我問他。

我發現，他就是我。

「我讀的攝影史不夠多。」「我的拍照經驗不夠多。」「我沒有時間好好地用文字爬梳自己一路走來的人生。」……像是同時有幾張嘴七嘴八舌地回答著，如同漫畫裡那些對話泡泡不斷地冒出來，然後，畫面就空白了，靜悄悄。

「我未曾想過攝影跟自己的人生有什麼關係。」突然間，他張口說話了。

這個聲音，讓我張開眼睛，重新回到那十三頁。這一次，文中龐雜的知識與歷史，變成了一個個迎向我的對話，召喚出我的回應能力，並推動我不斷向前。越回應，我越感覺到自己內裡一次次萌生出難以言喻的力量。同時我也看見那個人形，左手端著相機，把眼睛放在觀景窗後，右手食指準備按下快門。

我感覺自己跟著那個人形，踏上了一段旅程。這段旅程應該是一輩子也走不完，但我相信，有一天我應該也能夠寫出一本屬於自己的「關於攝影」。

2

我把《浮光》從書架上的攝影書們之中抽出來，發現它的手感頗有重量，然而閱讀時卻感到很清爽，書本有形的重量加上知識無形的重量，並沒有造成沉重的壓迫感。

拿起它隔壁的幾本攝影文集，內文編排有些是橫排，有些是直排，而《浮光》是直排。

有些攝影文集的照片是集中放在一起，《浮光》是圖隨文至，而且通常單獨放在一頁，大部分的照片周圍都有留白，但也有少數幾張採取橫照直放，甚至出血的排版方式，讓我感覺這本書並不是把照片和圖片當成配角。

《浮光》的封面有照片。我好奇，內頁有那麼多照片，為什麼挑那一張來放在封面呢？

那麼，未來將誕生的我的個人攝影史，從書腰、封面到內文，屆時的我會如何編排呢？

3

很幸運地，這些好奇，我可以透過這次的專訪，尋求解答。另外，在蒐集的許多關於本書的媒體相關報導中，我得知作者吳明益對於自己的書籍出版流程，比較常是站在主導的位置。

因此，在採訪梁心愉副總編時，我便提出這樣的疑問：如果作者的主導性很強，出版社與作者如何分工？

梁副總編表示，通常出版社不太會對外講，自己在出版過程中做了哪些事；而且，同樣出版吳明益的書，但是在不同時間點、不同階段，每家出版社會有不同的作法，切入的角度、思考的重點也會不一樣。

於是談到這本書的出版歷程時，她就以提綱挈領的方式告訴我，這一次與吳明益的合作，新經典文化打算走「為作者和作品找到新讀者」這一條路。

隨著訪談的展開，出版社在編輯及行銷方面的細心與用心，一一展現開來，尤其許多細節都是為了回答提問，才讓我們見識到，即使是一位在出版業已待了二十四年的資深老手，作為編輯面對一本書時，仍然是從基本功做起。

而我從她身上也感受到，如果說，老手比新人多了些歷練的成分中，究竟是多了些什麼，在《浮光》這本書中，我看到出版人並不因為作者握有主導權，就看輕自己的角色，反而善用一顆體貼的心，以編輯與行銷的角度，盡責地提出建議與資源，在合作的過程中相互激發出創意與火花，最終成就了一本能夠啟發讀者、為讀者開創新視野的好書。

訪談

問：《浮光》當初出版的緣起？

答：新經典的出版計畫基本上是我負責安排的，包括哪一本書要在哪時候出版、由哪位同仁負責，而這本書並不在一年前排定的出版計畫裡。有一天，美瑤（編按：新經典文化總編輯葉美瑤小姐）問我：「妳想不想做吳明益的書？」原來，公司在機緣巧合下有機會出版他的一本關於攝影的散文。

我當然想做吳明益的書，做編輯的人都想遇到好書。吳明益是一位很有質感的寫作者，對當時的我而言，他的作品背後似乎有一個很大的世界，而那個世界是由什麼樣的脈絡構成，非常吸引我。

書稿來的時候已經很成熟了，結構完整，圖片也齊備。在交給出版社之前，吳明益已請一位他的學生黃暐婷小姐[1]，處理圖片授權事宜。將書稿周全地準備好再交給出版社，是吳明益一向的習慣。

1 編按：黃暐婷，曾任出版社編輯，現為作家。二〇一六年九月，九歌出版其小說作品《捕霧的人》。

問：聽起來吳明益對書籍的出版，有很清楚的方向與想法。在這次的合作中，作者跟出版社如何分工？

答：《浮光》是我跟吳明益第一次合作，當時我們互不熟悉，我對他的作品有很多想像。

吳明益的作品除了精彩外，還有一個高度，意思是，不全然大眾。因此我認為出版社最應該協助他的，是把他的作品以不變質的方式傳達給更多人。所謂的「不變質」，指的是不能自以為是地以迎合大眾的動機，去改動或詮釋他的文本。

出版社要做的事，並不是「偷渡」他比較可親的部分去面向大眾，而是打造出一座橋梁，讓「大眾」裡

的一群人，覺得這座橋我好像可以踏上去試試看，觀望一下吳明益筆下的世界，最後成為這本書的讀者，再漸漸擴大這群人的數量；也就是說，幫作者找到更多位「下一個讀者」。

那妳可能要問我，既有的忠實讀者不重要嗎？當然不是，忠實讀者永遠是作家的重要推手。面對他們，我該做的是不讓他們失望，或者盡可能，滿足他們對作品的期望，包括把書做好，把訊息在第一時間傳遞到，尊重他們等等。我是這樣看待出版社在《浮光》的出版所扮演的角色。

問：為了打造這座橋梁，採取了哪些作法？

答：第一次碰面後，我用了大約一個星期讀書稿，然後主動寫了一份proposal給吳明益，從書的定位、規格想像，到統一用字、圖文比例等所有建議都在裡頭。那時候因為跟他不熟，而且他很多時間在花蓮，學校又忙，所以我就想，如果我有什麼要跟他討論的，就用書面一次講清楚。吳明益並沒有要求我寫proposal，只是這件事對我並不難，還可以畢其功於一役。

《浮光》有兩個部分：正片與負片，「正片」是跟攝影史有關的內容，「負片」是吳明益自己的攝影體會，正負片由六篇題目相同的文章組成，這是他一開始就想好的。他原本給我的順序是先走完六篇正片，再走六篇負片，我建議調整，把標題相同的正片與負片放在一起，變成六個大題目，每個題目都讓讀者先讀正片，再看負片，如此反覆，一路把書讀完。

我在提案中列出這樣配置比較好的幾個理由。吳明益說他要想一下，因為他原本想讓讀者有不斷往前跳動的、回溯般的閱讀感受，且他的排序隱隱有個對話關係，他怕這樣改動之後會被拆解掉。

他思考的期間我反覆讀稿，還是覺得調整後的結構能讓文本更打動讀者。不過我是這樣的，盡力之後，無論作者怎麼決定我都會尊重。大概過了一個星期還是十天，我收到他的回應，他說，就照妳的建議進行。

這樣建議最主要的理由是，正負片對照，閱讀者腦中的架構是清晰的，知道自己正在「浮光」之旅中的哪一站，也能感受到外部史料與個人經驗交織出的張力。他說他寫正片刻意不避諱「深」，他認為那些內容很重要，希望讀者能讀進去。在不破壞寫作脈絡的前提下，我認為這樣的調整能幫助讀者「讀進去」。

易讀，有很多層次。這個例子就像爬山，當你知道等一下到達某個地方就可以休息一下時，你會提振力氣往上爬，就這樣爬過一座又一座小山，最後甚至登上一座高山，這不是很棒嗎？我透過版面結構的方式，讓讀者讀完比較硬的部分後，接著有比較軟的東西在等他，用這樣的方式引導讀者去讀一個稍微有點嚼勁的東西，最後發現自己竟然讀了一本比之前讀過更飽和的書，從中感到踏實、有收穫，也有成就感。

問：這本書要用直排或橫排呈現，您怎麼建議？

答：在我給吳明益的提案裡，建議的就是直排。當時有人問我，攝影書直排不會很怪嗎？我說，這不是單純的攝影作品集，它是用文學書寫甚或論述加上大量照片來談「攝影」這件事。吳明益也認為應該直排，所以這一點一開始就有共識。

另外是每篇文章有單元標、英文名、抽言[2]等元素，又有大量的註釋，要讓翻閱時感覺舒服，讓註釋不干擾正文，經過很多次字距、行距的調整。謝謝美編謝佳穎，當時我總說這裡要再多一點點，那裡要再少一點點，所謂的「一點點」往往是零點一或零點二公分。這麼微小的間距，究竟有沒有差？聽起來好像沒有意義，可是版面一出來就有意義。

版型出來以後，吳明益只問我可不可以修改一個地方，就是「正片」和「負片」的外框形狀。他說：「這可以不要是圓的嗎？」美編跟我就把它改成現在的多角形。

2 編按：將內文中較精彩的文句摘出，在版面上單獨編排的作法，叫做「抽言」。

問：封面設計的概念是如何成形？

答：我知道吳明益過去的書，封面都是他自己設計，因此在內文編排確定後，我就詢問吳明益的意願。他說，他想試試看。成書的封面與吳明益最初提給我們的版本只有一處不同，就是選用的照片。

封面提案來的時候，第一時間團隊有不同的聲音，可是我沒有說話。他們問我為什麼沒有意見，我說我不是沒有意見，是要先整理一下，因為這跟我們請設計師做稿不同。作者設計封面就意味著那與文字、攝影一樣，是他整體創作的一部分，所以不能只沿用過往的模式，必須先弄懂作者的用意與風格，再提建議。

最後我只提了一個建議：更換封面照片。

最初放在封面上的照片與布袋戲有關。我的考量是，這是吳明益第一次出關於攝影的書，雖然有人知道他會拍照，但當時多數人不清楚這件事對他的意義，所以極可能會誤以為是一本講布袋戲的書，《浮光》這個書名拿來談布袋戲也不是不可以。但這樣的話，就無法在第一瞬間，讓看到它的人清楚知道這本書的內容方向。

我不希望只靠作者名氣來賣書。村上春樹的小說描寫過，作家只要有名，就算書裡是白紙也會賣，但我總覺得這樣的話出版社有點偷懶。如果讀者看到書封的時候充滿疑惑，甚至誤解；如果建構產品第一印象的工作只仰賴作者過去累積起來的品牌力，我會覺得自己有失職責。

但我並沒有告訴吳明益我希望用哪張照片，創作的空間還是留給創作者。他二話不說地換了照片。我看到調整過的設計稿後，我知道他懂我的意思。我們在討論的只有一個，就是封面到底要傳達什麼，這件事一定要很精準。

縮小來說，無論編輯、行銷或業務面，出版工作者傾全力做的其實只是「爭取讀者把書拿起來，翻閱，或點進購書網頁，瀏覽，然後被觸動，願意買走」這樣的行為而已。一本書，在這個過程中有好多看起來小的事情可以做、需要做，只是我們有沒有意識到夠多細節，或有沒有辦法妥善地捍衛那個初衷。

問：您說您認為這本書先是文學，再來才是攝影。您如何定位這本書？

答：我把《浮光》視為從攝影角度寫成的文學作品，而不是吳明益突然跨界去寫攝影書。寫作者可以不斷將各種看起來異質的東西，吸納成自己的創作養分，那跟想要進軍某個領域不一樣。吳明益在書裡清楚說他缺乏用鏡頭向現實世界揮拳的勇氣，但這不妨礙他透過觀景窗厚實自己。

而照片是有力量的，書裡的每一張照片都有吳明益想講的話，筆跟相機都是他「寫作」的工具。現在這個年代，誰都可以拍一點照片，使用單眼相機的人也不少，所以我們誠懇地接觸對攝影有興趣、有實作，或像吳明益一樣有想法甚至有疑惑的文學讀者，邀請他們從這個角度進來吳明益的創作世界。如果他們能夠接受，或讀了有收穫，那就可能成為吳明益的下一個讀者，我是這樣思考這件事的。

問：這本書出版之後，如何行銷？

答：我們說服吳明益拍了一支影片，因為他第一次出跟攝影有關的書，為什麼要寫這本書、攝影對他的意義是什麼……很多東西都需要說明，最好由吳明益自己說，他有他語言上的獨特性。對於拍影片的提議，他勉為其難地答應了。我們以聊天的方式進行，減少他在拍攝過程中的不自在。我印象很深的是，他講話不但精準，而且幾乎沒有贅字。

影片最後製作成兩個版本，一個是二分十一秒的短版，另一個是大概四分鐘的完整版，在youtube「新經典文化」頻道裡都有。我還記得第一場新書講座開始前，因為讀者們很早就擠滿會場，只能枯等，我就想播放這支影片讓讀者打發時間兼為講座暖身，吳明益想阻止我，說他會很尷尬，但晚了一步。當時有人笑說，這個愛拍照的人卻討厭被拍是怎麼回事。但仔細想想，「拍攝者」與「被攝者」之間本來就沒有必然關係，所以攝影才需要尊重與體諒，無論鏡頭對向的是人，還是蟲鳥蝴蝶。

為新書安排講座，是吳明益過去出書的習慣，這本書也不例外，用書中的六個主題當講題，加上一場與《羊毛記》作者休豪伊（Hugh Howey）的對談。另外也在吳明益同意下，將他手繪的中華商場印成DM，限量發送，讀者可與書中照片參照，多了一種觀看中華商場的視角。

問：您做這本書的方式，除了用編輯的角度，還經常加入了行銷的眼光。這與您的出版經歷有關嗎？

答：我做過編輯，也做過行銷，我所受的訓練，讓我想事情的時候很自然會一起思考。其實，編輯與行銷的分界常常不是那麼明顯，有時甚至包含業務面，整個是一條線。

我從東海中文系畢業後，進入中華書局當編輯，就是重慶南路衡陽路口那一棟。那時四到六樓是辦公室，一樓到三樓是主題書店「傳記之家」。

上班第一天跟著早我兩個月報到的同事學校對，沒多久書店工作開始落到我頭上，要寫牆上的文案、新聞稿，要辦每個月三場沙龍講座，要跟美編同事一起做出newsletter月刊，後來還包括新書分類，門市店長甚至希望我標記清楚哪一本書要放平檯跟秀封面。當時我什麼都不懂，人家叫我做我就做，還記得曾接到不認識的出版社業務打電話來，請我給他們的新書好一點的陳列位置，我掛上那通電話時，還滿腦子疑惑。回想起來，那個「瞎忙」的過程很有趣，對我在這一行的基礎也很重要。

後來有位前輩介紹我去聯合文學出版社應徵，錄取後我拿到一張印著「行銷企劃」的名片，這嚇到我了，讀中文系的我完全不知道這四個字是什麼意思，「企劃」不是一個動詞嗎？怎麼會有人的職稱是一個動詞？

但是我已經要開始做這份工作了，再疑惑也不能去問主管，太丟臉了。

在那個網路還沒有興起的年代，我們的人生遇到什麼問題，往往都去書裡找答案，比如要旅行會去買一本旅遊書。於是我到書店去找答案。遠流那時候出了一系列黑色封面的「實戰智慧叢書」，我拿起其中一些書名有「行銷」或「企劃」的來看，但有看沒有懂，因為那不是寫給我這種「白紙級」讀者的，找來找去找到一本講如何寫文案的書，我是讀文學的，這種書我比較看得懂。

看完一本看得懂的，再找下一本試著讀讀看，我就這樣前前後後看了上百本相關書籍，從文案、廣告、行銷、直效行銷、消費者行為分析，一路接觸到管理。我是這樣慢慢建立起對產業與商業運作的認識，大學時雖然編很多刊物，但一直傻傻地以為出版業只有編輯一個角色。彼得．杜拉克(Peter F. Drucker)的書也是在那段時期讀到的，他說行銷是一種sense，不只是一個job，讓我印象很深刻。當時讀的很多書現在都絕版了，但有一本我還留著，是陳邦杰寫的《新產品行銷》，因為書不像可樂也不像衛生紙，喜歡的人會重複購買，每一本書都是新產品，這本書讓我意識到這一點。

當時聯合文學出版社的總編輯是初安民先生，我進去後沒多久，主管去休產假，那兩個月裡公司出版了張大春的《撒謊的信徒》、苦苓的《男人背叛》、蔡康永的第一本書《再錯也要談戀愛》、楊照《迷路的詩》，還有藝人蘇有朋的《我在建中的日子》等，對我這個新手企劃來說壓力大上了天，但也打開了我對書的視野。大家都希望書暢銷，但書的價值不能只用暢不暢銷來論斷，也不是知名作家的書才會賣，消費者的需要是非常多元的。

後來我也在麥田出版及商周出版做過行銷業務，還待過誠品網路書店，總計至今二十年的出版生涯中，大約有十年是做了跟行銷企劃有關的工作。尤其在商周出版擔任行銷業務主管，是很寶貴的一段經歷，一下子開口閉口《M型社會》、一下子忙著美國前副總統高爾(Albert Arnold Gore Jr.)的《不願面對的真相》，一下子捧著厚厚的《教養》，一下子練平甩功，或者搭戴佩妮的褓母車去辦簽書會；連宋楚瑜要選市長、馬英九要選總統，也參與得到。

當時經歷過的事，很多都很有意思，一點一滴都是我從業訓練中的養分。那時我的綜合經驗剛好累積到一個程度，讓商周出版的工作對我來說像個舞臺。那個舞臺，並不是像明星一樣全部的人都看著你，不是的，那是一種「玩」得高興的狀態，感覺到自己有一些可以施展的東西。

問：您剛才提到，每一本書都是一個新產品，用這樣的思維，您如何看待書的行銷方式？

答：不太有行業像我們一樣，不斷生產全新的商品，而且重複購買率很低。你用慣了黑人牙膏，會一次買幾條，或一用很多年，但你再喜歡一本書也不會買十本回家換著讀。我們都知道規模可以締造經濟效益，但新商品多、重複購買率低是出版這個產業的基本樣貌，於是我們只好希望不同的人來買，而且總人數不要太少。

「行銷」這個詞有很多種解釋方式，我有個傻子解法：市場的英文是「market」，行銷的英文是「marketing」，所以行銷就是讓市場動起來，變成現在進行式的作為。

行銷從4P理論（product, price, promotion, place）進化成4C（customer, cost, communication, convenience），這八個英文字提供我很多想法，每次變成黔驢時就回到這個演化關係去找靈感，常常會有收穫，有時候甚至會寫出太長的行銷計畫，長到根本不可能實踐。

行銷不等於推銷或打折，幫一本書聯絡媒體、辦活動，是行銷的一部分沒錯，但如果只看到這樣的話，做個幾年你就會覺得無聊了。行銷是找出跟讀者產生交集的方法，有一個整體性。加上每一本書都有自己的個性與聲音，所以書的行銷，是一件永遠得重新設想的事。

出版是一個「人」的行業，是需要某種手工感的行業，我指的不是印刷製作。你畫這棵樹五遍，沒有兩棵會一模一樣，這就是我所謂的手工感。都說大作家的書好做，有暢銷基礎，可是我一樣會緊張，因為每本書都是新的開始，過去有效的「招」現在極可能失效了，但作家不能毀在我手裡。受眾容易疲乏是不變的現象，行銷手法在造就旋風的同時就開始老化，所以這一行才有那麼多刺激與挑戰。

問：編輯，有所謂的「風格」嗎？該如何展現風格？

答：一個編輯的個性、專長、價值觀與經驗值都成形後，風格就會自然產生，也多少會影響他做的書的樣貌。但那個交給時間跟努力就好了，比起風格，編輯更應該用心在「分寸」上：不能無中生有，要謹慎地錦上添花，以及，要忠於文本。

面對作品時，要先懂它。讀懂中文字不是難事，但讀懂作品的能力會因為我們的閱讀量、人生閱歷而有不同，而且我感覺這部分所需的用功沒有止盡。再來就是審慎，除了編輯、校對過程要審慎，詮釋的時候也要審慎。行銷上也要尊重文本，盡可能貼著它去做行銷規劃，呈現那本書的獨特，而不是一味複製某個當下有效的模組。

改譯稿也是，尤其是文學作品，作者有作者的口氣，有他這一本書想要表現的語言形式，即使是同一位作家，不同作品的語言形式也可能不同。貼著原文去修潤很費神，語言轉換也有原生的死角，人力未必能及，碰上特殊的題材，或炫技的文采時，根本就是腦汁與意志力的大消耗。很多年輕編輯會覺得，這怎麼可能辦得到？可是你慢慢跟他討論，也可以這樣子翻譯，雖然這樣翻譯還是有一點差異，但我們距離「貼近」這件事多前進了一步。這是目標也是技能，有意識地不斷練習，就會越來越貼近。

「忠於文本」是這樣子一點、一點被實踐的。

問：觸動您決定出版某本書的原因是什麼？

答：作品除了要有能夠觸動我的部分，也要找得出施力點，因為觸動我的部分不一定能觸動別人，搞不好從頭到尾只有我一個人很激動而已。詹宏志先生說過：「編輯是社會對話的設計者。」他很厲害，永遠有辦法用平實的字眼講出很精確的話。有觸動但找不到施力點的書，我遇過太多了，每一本都標記著自己能力上應該提升的空缺。

新經典以文學為主，選書大部分來自美瑤的眼光，我有段時間為了避免「同手同腳」，會刻意找文學以外的書，比如《謝謝你從阿茲海默的世界回來》和《長大後忘了的事》。

《謝謝你從阿茲海默的世界回來》是很動人的真人真事，一位行醫到八十歲的醫師突然確診了阿茲海默症，快速失去生活自理能力。後來查出來，失智一般不會這樣快速惡化，真正的禍首是很容易忽略的老人憂鬱症，它就像個加速器。可喜的是它有假性期，如果及時治療，你珍視的家人就可能從瞬間崩毀的噩夢中回來。

《長大後忘了的事》是一位日本老師把小學生寫的東西收集起來，讀了會發現，我小時候也是這樣想，或原來小孩子是這樣想，不用長大後學到的邏輯也沒事，甚至還比較快樂。我常有被自己的思考模式綁住的感覺，這本書不只療癒，還能讓我鬆綁。後來我去上鄧惠文的廣播節目，她說她看第一篇就哭了，表示這本書不只是觸動我個人而已。

我覺得我做很多書都在找一種溫度感。不一定是溫暖，因為人生不會只有溫暖的時候，也不是只有溫暖才有意義。《浮光》裡有些照片與死亡有關，對我來說也是很有溫度感的，只是那是零下三度，它讓你因冰冷而清醒。

問：那麼，《浮光》的文本，觸動您的部分是什麼？就出版的角度，它的施力點是什麼？

答：吳明益的散文真的是好看，有時候有小說意境；而他的小說也有一點散文味，形成獨特的美感。比如說我們剛剛講〈美麗世〉，他「負片」的第一句話是：「偶爾會有學生在進我研究室時，問起那張照片的來歷……」嗯，這很小說吧？

《浮光》像有震攝力的直球，樸實、有重量，又有很強的詩意，短短幾個字可以讓你在裡面掙扎半天，爬出來之後還得大口喘氣。即使比較硬的「正片」也寫得很動人，他展現了一種很厲害的散文寫作風格。

好的散文，是非常迷人的。

對我來說，吳明益最大的武器就是他的文字非常好，學問又下得深。在這本書之前，「吳明益」與「攝影」沒有公開連在一起，我的責任，或者說我看到的施力點，就是讓讀者因為驚訝也好、神往也好，將眼光移過來，讓作家與作品說服他們。

問：身為資深出版人，您認為閱讀有什麼價值？

答：我覺得這個問題沒有標準答案，但能夠在閱讀裡找到價值的人很幸福。

學者當然是最典型的例子，學問變成他自我認知的一部分、驕傲的一部分、專業的一部分，甚至收入的一部分，或貢獻社會的一種方式。

閱讀對多數人來說更偏向實用性，例如打發時間或找答案。我們總有各種說不出來、沒辦法問人，或是無人可問的疑惑，當然有些google一下就解決了，但線性閱讀提供了一種縱深，在經歷那個縱深的過程中，也體會到寧靜的時刻。

閱讀當然也有無形的價值，我想用法蘭岑（Jonathan Franzen）的話回答妳，就是學會如何跟自己在一起。知名的日本藝人，堺雅人，私底下很有趣，他小時候喜歡躲在書桌下面，把那個小小的ㄇ字空間當成書店，假扮書店老闆；現在他是大明星了，但他最高興的事情是，不用排戲的早上，從容地吃過早餐後，去書店逛一逛，買兩本書，然後到另外一家他覺得舒服的咖啡店，坐下來讀書直到傍晚，再回家做晚餐。他覺得那是非常快樂的人生。

我們都需要這樣的時刻，才有辦法在每天各式各樣的碰撞中，找回一點能量。

問：面對所謂「出版景氣寒冬」的說法，您怎麼思考出版未來的路？

答：「景氣」這個字眼，給人一種有循環性的感覺，但我懷疑出版面臨的處境有循環性。閱讀習慣在改變，很多人離「需要長時間專注的線性閱讀」越來越遠。

你看，連我們從小讀紙本書的人，如果現在有半小時空檔，你會拿一本書來讀，還是拿手機來滑？很可能是手機。滑著滑著，專注力會荒廢，法蘭岑說這是注意力分散的時代，我非常同意。

這現象可不可逆？暫時我沒有看到可逆的契機。書賣得好不好是一回事，但注意力分散有其他問題，包括人會變得浮躁、習於速成、缺乏耐力等等，這些我在自己身上都看得到。

我知道前路越來越難。但要嘛不做了，不然還是只能打起精神迎戰，運用、提升自己的能力與經驗，讓某本書有機會抓住人們飄忽的注意力，從而感受到線性閱讀也還滿有趣；或被書裡的某句話、某個態度擊中，改變了一部分未來。這是這份工作最迷人的地方，也是我在自己的位置上能做的事。

無Ⅲ 實踐篇 自然農法

專訪有限責任台灣綠活設計勞動合作社　陳芳瑜

出版入行年資　共〇年

現職　有限責任台灣綠活設計勞動合作社社員

採訪、整理、撰文／虹風　攝影／李偉麟

《無Ⅲ 實踐篇 自然農法》

福岡正信著

有限責任台灣綠活設計勞動合作社出版

十年銷售冊數　一百三十五本

前言

二〇一四年二月，小小一個老會員牧風寫信來訂書，其中一本書叫做《無Ⅲ 實踐篇 自然農法》，循著她給的網頁資料，我們很快就著手聯繫進書事宜。當時，臺灣談自然農法並不多，對於一般讀者、消費者而言，「自然農法」還是很陌生的字眼。但先前我們就進了福岡正信的《一根稻草的革命》，賣得非常好，知道福岡正信還有其他的出版品，毫不猶豫地火速聯繫出版商，希望能夠推廣給我們身旁對自然農法有興趣的朋友——他們之間，有不少人是準備、或者已經投身務農的人。

我們聯繫進書時，《無Ⅲ 實踐篇 自然農法》才剛出版幾個月。訪問出版者陳芳瑜小姐時，她反問我，小小是如何知道這本書的。我回說，是一個讀者來訂書，我們才知道出版了這樣的一本書，當時她立刻就聯想到陳冠宇——「愛吃飯」的主唱，後來移居東部種田。冠宇確實在我們聯繫進書之後不久就來訂書，可見，這本書甫出版，很快就在農友之間傳遞開來了。

大部分購買這本書的讀者，都是從我們的露天賣場搜尋購買到的；也有些會直接來小小詢問，雖然是目的性購書，但是走到小小那櫃關於農業、環境、土地、食育方面的書籍時，也會非常訝異，臺灣在土地環境相關的書籍，已經有相當數量的出版品出現。在那一櫃的書籍裡，十年間，在小小的銷售榜單上列入前十名的福岡正信的《一根稻草的革命》、《無Ⅲ 實踐篇 自然農法》（以下簡稱「無Ⅲ」），以及大地旅人出版的《地球使用者的樸門設計手冊》，都不是臺灣「正規」出版社的出版品，亦即，出版這些書的單位、組織，都是透過書的出版，來推行他們的理念。

單純就出版－銷售的關係而言，除了進貨、賣書之外，我們一直都沒有跟出版者陳芳瑜有更多的接觸，對於她為何要出這本書，我們的理解跟購買這本書的讀者一樣，僅限於扉頁上的出版說明。踏進陳芳瑜家裡，一眼就可以看見餐桌旁牆面上貼著她手書的，《金剛經》裡的名句「一切有為法如夢幻泡影如露亦如電應作如是觀」對聯，對應著她屢次談到福岡正信的「無」的概念，我們像是從頭到腳被重新洗過一次般——不管是關於「有機」、「自然農法」的觀念，或者是出版這件事。

在這一趟平靜而愉快的訪談裡，抽絲剝繭地深入這本書出版歷程的背後，讓我深深感覺到，一個人的生命，如何能夠透過一

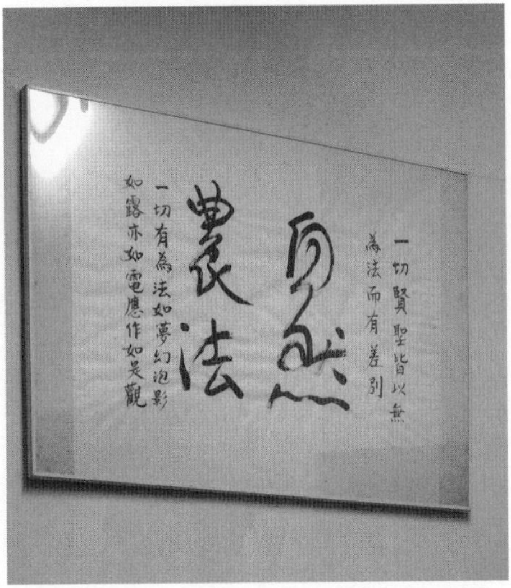

本書，與土地產生連結，與地球的生命、存在產生連結，進而思考自己生在地球上的任務與責任。

只有「震撼」一詞，方足以形容我的感受。

在「無川」之前，陳芳瑜沒有任何出版的相關實務經驗，她也未曾想過要從事出版；在這本書之後，她也沒有想要投入出版的打算。她的興趣，在推廣自然農法，出這本書，也是為了要推廣自然農法。然而，她並不打算一直再印行這本書，等到第二刷賣完，就打算讓它絕版了。

然而，我相信，就在「無川」出版了兩年多的這段時間，它已經影響了許多人對於自然農法的觀念，對於耕作、土地與人的觀念。只是，從書店的角度而言，印數不到兩千本的數量，似乎還影響不了太多的消費者。對書店業者來說，能賣的書、經典的作品，我們當然是希望它存在越久，越好。

無論未來這本書是否還能夠持續印行，至少，我們希望這篇訪談，多少能夠讓我們思考：究竟，一本書為何要被出版？一個出版者為何選中某本書，費盡心思耗竭精力來推廣？一本書的生與滅，又是因為何故？

訪談

問：您是如何接觸到自然農法的？

答：我接觸自然農法之前是先遇到秀明自然農法，差不多在二〇〇一年，我剛從工程顧問公司離職不久，有次去主婦聯盟的步道協會碰到婁序平小姐，她一直在做環境教育，就說，淡水大屯溪有人在做秀明自然農法，問我要不要去看看。因此，大概是二〇〇二年的時候，我就去大屯拜訪陳惠雯、黎醫師夫婦。

秀明自然農法有很多原則，比如說不要輪作，而且對於他們的「實施綱要」我有很多疑問，但是黎醫師常常無法滿足我的疑問，他就是尊崇岡田茂吉的指示，而岡田茂吉是有點類似通靈人那樣的方式，指導耕作原則，後來的人才逐步去做實驗。所以對我而言，秀明自然農法有點神祕，有點不可理解。到最後很多學秀明自然農法的人，都會信他們的宗教，但我沒有，我從小就是跟著父母信一貫道的。

後來看到福岡正信的書，他沒有一定要怎樣做，就很簡單地從自身開始談，如何走到自然農法這條路，有一個悟道的過程，這在他的另外一本《一根稻草的革命》裡有談到。我最近跟一個法師討論秀明自然農法與福岡正信自然農法的差別時，結論是，認為福岡正信有究境、悟道、得道，而岡田茂吉我們就不得而知。

從二〇〇二年接觸秀明自然農法後，我就加入秀明自然農法協會，並在二〇〇八年時，以秀明自然農法協會的會員，參加日本秀明自然農法觀摩團，雖然到了日本秀明自然農法實踐園區，但秀明自然農法依舊無法滿足我很多疑問，直到二〇一一年遇到福岡正信的書以後，就比較少參加秀明自然農法協會的活動了。

問：那又是如何接觸到福岡正信的自然農法？

答：我因是學環境科學的，習慣理性思考的人，但是，秀明自然農法在教學的過程中，並不是讓你追根究底去問原因，常常會說：「你做就是了」，有一點神祕感。到了二〇〇六年左右，那時還是想要推「自然農法」，於是就在土城租了一小塊地，在那邊遇到一個年輕人在鋤地，我很熱心的跟他說，我要在這邊推「自然農法」，你要不要來上課。他就回去查，

在網路上找到《一根稻草的革命》的簡體版並介紹給我。我那時看完後就很興奮，那才是我理解的自然農法。

當時中國大陸出了兩本，一本是《一根稻草的革命》，一本是《無Ⅲ 實踐篇 自然農法》（以下簡稱「無Ⅲ」），但我找了一年多到兩年都找不到「無Ⅲ」這本書。二〇一〇年在臺大，綠色陣線聯盟辦了全國的有機座談會，水木書店的老闆蘇至弘也去了，那時放了紀錄片《只因我們生活在地球：福岡正信印度之旅》，水木書店的蘇至弘跟綠陣的吳東傑就說，他們想要出版《一根稻草的革命》。

我從旁聽到就跟蘇老闆說，不要出《一根稻草的革命》，你應該要出「無Ⅲ」，因為簡體版的《一根稻草的革命》，那時候在網路上已經很流行了。我認為「無Ⅲ」是給農夫看的，《一根稻草的革命》是給消費者看的，但他們認為應該要先出給消費者看的書，就這樣我都找不到人出版「無Ⅲ」。

後來，吳東傑直接飛到日本找福岡正信的版權代理，我就請他那邊一併幫忙處理版權事宜。他們出了《一根稻草的革命》一年多之後，「無Ⅲ」沒有人打算出版。基於熱切想了解福岡先生是怎麼看自然農法的，我也很想看懂這本書及推廣自然農法，故就興起了自己出版的這個念頭，後來，有一個機緣找到可以翻譯「無Ⅲ」的人，就開始著手翻譯、出版。

問：翻譯的機緣是怎樣？

答：我最希望翻譯的人是朱耀沂老師，因為朱老師是念昆蟲學的，我覺得應該能勝任，但那時他已經生病了，也沒辦法翻譯；也有去找過日本人來翻這本書，找了兩個，都覺得有困難。後來才知道有人專門做翻譯這件事，可是我無從找起。這之間有一位朋友，說她有認識的朋友可以幫我翻譯。

問：最後是這個溫先生翻譯的，他在做什麼？

答：他是專職譯者。但我後來知道他不是學農的，我覺得這樣會有問題，所以要再找人審訂。我以前在工程顧問公司上班，工作上有時需跟日本人接觸，於是以前同事就介紹我一位楊舒淇小姐，她經常做即時翻譯，又是農業博士，請她來幫我審訂的話，對於譯文內容我就更有把握。

翻譯的溫先生後來在清華大學看到有人在影印「無Ⅲ」的簡體版，他就順手拿來看，發現翻譯得不完整。因為我本身是學環境的，對植物方面較熟悉，書裡有一些植物的分類或是植物跟環境的關係，我覺得應該更謹慎小心。但我最擔心的就是錯譯，因此，那時我曾跟溫先生說，要先去看老子，老子講無，得先了解無的精神，再來翻譯這本書，會錯意的機率才能降到最低。

這本書從翻譯到完成花了一年多的時間，校稿就看了三次。翻譯翻了快一年，校稿校了半年，聽說以專業出版社的出書速度來說，是完全不符合經濟效益的。

問：書是由您，還是有限責任台灣綠活設計勞動合作社（以下簡稱綠活勞動合作社）出版的？當時想要賣到哪裡去，怎麼賣？

答：經查詢之後，我發現個人其實也可以出版，但翻譯、印書都要籌資金，那時合作社的理事長就說，你就用合作社的名義出版，她幫我集資，印完之後若有人說要贊助，可以印一印送人。這一番話讓我把這本書的翻譯出版想成印佛經贈送的模式，盤算著至少印一千本，若是賣不出去我就把它送掉。

問：書出版之後有沒有收到什麼讀者的回響？

答：第一版的時候，有一位陳琦俊先生，曾經在日本福岡正信的園子裡耕作多年，回臺灣之後在社大開設自然農法的課程，大概開課一年多以後，知道我出了這本書，他就叫社大的學生都要來買，光是那個團體就買了七、八十本。我聽說他在各個社大都有課，據說他在新店坪林有一小塊地，實施自然農法並做課程設計，像大屯秀明自然農法惠雯那樣，但我沒有實際跟他接觸過。他二〇一五年因心肌梗塞已經過世了，很年輕呢！另外，還有一個做茶葉的茶農，是比較特別的，他的茶園在二〇〇二年的時候，就做有機認證的茶葉，直到二〇〇四年去上秀明自然農法的課程，上課時聽同學說有這本書，於是一口氣就來跟我買了三、四十本，他後來非常感慨地跟我說，他看了書以後終於對自然農法有了認同感。

另外，二〇一五年時我跟朋友去花蓮壽豐做棲地調查時，必須在當地找一些臨時工來放陷阱，結果就找到一個年輕人，他原本在臺北的登山用品店工作，突然有一天就想要務農，跑到花蓮壽豐去。我常常遇到年輕人或務農的人時，都會把話題導到自然農法的主題上，那時我跟這年輕人談論自然農法時，他竟然跟我說「無Ⅲ」他看了四次。我很訝異且高興的說，那本書是我出版的。

關於讀者回響還有一件很有意思的事。這本書出了之後不久，有一個實踐樸門的朋友，寫E-mail來抱怨說：「你為什麼把樸門祖師爺的書出得這麼醜，根本沒有做美

編」，意思是這本書給「暴殄天物」了。我就跟他說，真的很抱歉，對我來說，紙張要物盡其用，所以這本書的天地我留得很少。天地留得寬大雖然易於閱讀，但都是環境成本。因為臺灣的農夫年紀都偏大，我又喜歡大字，所以天地就盡量能留少就留少。

印刷方面，印刷廠的老闆跟我說，全臺灣他不敢說，至少全臺北，只有他那家的封面有做森林認證[1]的書封而且沒有膠膜。這本書是黃豆油墨印刷，紙張也都有認證。

問：「無III」前面還有兩本《無I 神的革命 宗教篇》（以下簡稱「無I」），《無II 無的哲學 哲學篇》（以下簡稱「無II」），那時候就決定只出第三本，「無I」、「無II」不出嗎？

答：我剛開始接觸自然農法的時候，不知道有「無I」、「無II」、「無III」。後來讀了福岡正信的東西以後，我個人認為，其實「無I」、「無II」、「無III」，比較像是福岡正信把他的農法實驗出來之後，日本春秋社再將他的思維編輯成《無I 神的革命》，《無II 無

1 編按：一九九二年聯合國永續發展會議後，議題相關企業代表、社會團體及環境組織於一九九三年成立「森林管理委員會」(Forest Stewardship Council) NGO組織。並對世界森林管理提出一套環境認證標準，以授權第三方獨立認證組織方式，發給認證標章。認證種類：「森林管理證書 (Forest Management：FM)」與「產銷監管鏈證書 (Chain of Custody：COC)」。後者是發予林業產品製造、供應與銷售商的證書，包含家具製造商、出版商、紙類行業、印刷業等木材相關產品業，用以追溯木材產品來源之用。（出處：台灣森林認證發展協會—小常識，網址：http://www.tfcda.org.tw/portal_a1.php?owner_num=a1_11664&button_num=a1）

的哲學》，《無Ⅲ自然農法》，而以「無Ⅲ」作為「無」的實踐篇，其中「無Ⅰ」、「無Ⅱ」比較像是實踐行為的理論思考模式之闡述。

問：您為什麼會想要推自然農法？

答：在講福岡正信的自然農法之前，要先說「有機」，這個概念是一個史代納博士（Dr. Rudolf Steiner）提出來的。他是華德福學校（Waldorf Schools）的創始人，他講的是BD農法。我原本是想要去看BD農法的，後來因為BD農法是德文，縱然有翻譯成英文，我也看不懂，也根本沒有人力去翻譯它。

關於有機這個概念，史代納在他的「人智學」理論裡談到，植物、動物、礦物，以及人的關聯。他認為一個人包含了物質體、生命體、情感體，以及自我等四個部分。若是把地球譬喻成一個人，那麼地球的自我，就是人；而地球的生命體，就是植物；地球的情感體，就是動物；它的物質體，就是礦物。也就是說，如果物質體沒了，就什麼都沒了。以前，我一直在關心植物這一塊，那時會認為我是在關心生命的生產者，但受他的理論影響後，就要更積極地關心土地，於是自然而然的就切進去農法了。

土地的操作就是農地、農法，而農法又跟人、跟飲食有很大的關係，所以接觸之後就越來越覺得，自然農法這個概念很重要。有機的概念，雖然是西方傳進來的，但是其實東方在操作方面，一直就有自然的概念。東方不談有機，不談生態，可是東方談天、地、人，所以對我而言一點都不陌生。接觸了史代納的「人智學」之後，我反過頭來讀很多東方的書、也開始讀佛經。因此，現在我對於耕作的概念，慢慢地由西方的思維轉變到東方的思考，現代在國外也出了許多佛教、禪宗等這一類的書。我認為有許多中國古老的文化，是日本人把它發揚光大了。因此有關「無Ⅰ」、「無Ⅱ」的相關書籍我們並不缺少。

後來我也能夠理解，中國大陸在鄧小平之後，開始要西化、西進，派很多人到西方，到日本、美國、歐洲去學習。我想，這兩本書就是那個時期翻譯出來的。翻譯那本自然農法的顧克禮先生，他也有寫了一本有關中國大陸的自然農法書。

問：所以這些都是接觸福岡正信先生的書之後的改變？

答：差不多就是在這十年間慢慢的累積。因為我是景觀環境設計師，之前一直重視棲地，但我沒有將它落實到農業來。包括在飲食方面，我們也受西方影響很大。我個人認為，不要強調吃蔬菜，要強調吃米，因為它對臺灣環境有很大的影響。其實自然農法的貢獻比較是在環境暖化這一個議題上，因為很多不論是肥料還是用藥，當土壤沒有辦法吸收的時候，它就直接排放到空氣中。物種，像人類這個物種，男生十六歲、女生要十四歲才能成熟，動物不用，有些動物甚至一天就可以許多世代，所以你用藥，你有辦法贏牠們嗎？用藥的累積都在土壤裡頭，或植物裡頭，到最後，累積在哪裡？在人類身上。所以並不是我們在做環境、保護動物，僅是希望，我們還可以在這邊（編按：指地球）玩一玩的時間再長一點，就像福岡正信說的「只因為我們活在地球上」我聽到他這句話的時候很感動，差點哭出來。

因此，當時綠陣的吳東傑出版《台灣的有機農業》（二〇〇五年出版）的時候，我曾跟他說，臺灣不應該只是部分人做有機農業，臺灣要全島做有機農業。只要你要種田，不要執著於乾淨的田，就像一個人生病很重了，但是你並沒有放棄他一樣。所以我最喜歡去跟人談自然農法，而且一定要從頭、從農業史說起，這就是福岡正信讓我最佩服的地方，他也是從農業史談起。臺灣曾經被日本占據，所以臺灣的農業史，絕對脫離不了日本。至少我個人認為，農業必須要去探討歷史，不論是植物的歷史，或者是種植的歷史都要。

問：從秀明農法到自然農法，兩者對您的差異為何？

答：一開始我是接觸秀明自然農法，但秀明自然農法的講法，它完全沒辦法讓我理解，沒辦法滿足我的疑問跟好奇。因為我一直都在做景觀環境設計，看到福岡正信書裡的一些圖啊，就讓我覺得，我應該要回去做我的本業。因為他對農園的規劃設計，就像是我本來在工程顧問公司做的類似工作。我在上班的時候，就是在推臺灣原生植物在景觀環境上的運用。

很多人會說，你們要種臺灣原生植物，那就種臺灣欒樹，臺灣什麼什麼的，但對我而言不是這樣。我的作法是，我到哪個地方做工程，就會先到那個工程附近的綠地，調查那附近有什麼樣的臺灣原生物種。然後用育種的方式，先做育苗。我希望先當地、或附近的山上找原生的小苗，那種剛冒芽出來、三十公分以下的小苗，再拿到山下來培育。譬如說，如果我需要種十棵植物的話，得需要育種到一定的比例以上。我會希望知道，哪些植物的發芽、存活率有多少等等，這些都必須一同考量。育苗的工作要比工程更早開始，這樣等到你工程接近完工時，樹也剛好可以種了。我當時上班的工程顧問公司都是做大案子的，工程的施工期非常久，如果我從種子育苗到成株，都會有五年以上的時間，是非常適合的。

但是基於種種原因我的想法並沒有真正地落實。我雖然做了不少公共工程的案子，到最後都讓我覺得很失望。臺灣公共工程的產業制度或者說程序，是應該要改變的。並不是說只要臺灣原生植物就好，你必須事先去做調查，用環境的數據或概念來作為運用、設計的依據。但是，我在工程公司努力推了十年這樣的工作，仍然有深深的無力感，於是在二〇〇一年就辭職了。

我認為，我們已經到所謂的科學年代，就必須要好好了解，什麼叫自然農法。其實已經沒有真正的自然，因為大部分都被人類破壞殆盡、開發了。很多人說，我都不管它，就叫做自然農法，但福岡老先生有一個很好的講法：自然農法不是放任農法。這很好玩，是一件非常有意思的事，所以我覺得自然農法比較像一個辯證學。

福岡正信是學農林的，他也會從棲地的角度來觀察，他講了一句話很有意思：「不論從哪一個角度而言，我們都是以管窺天」。我們都是用我們自己的角度去詮釋自然，這就應了「一切賢聖皆以無為法而有差別」，那個就是無，因為沒有任何一塊田被對待的方法或角度是一模一樣的，因此關於自然農法，他語重心長的提出四大原則——不耕起（耕さない）、不施肥、不施藥、不除草。

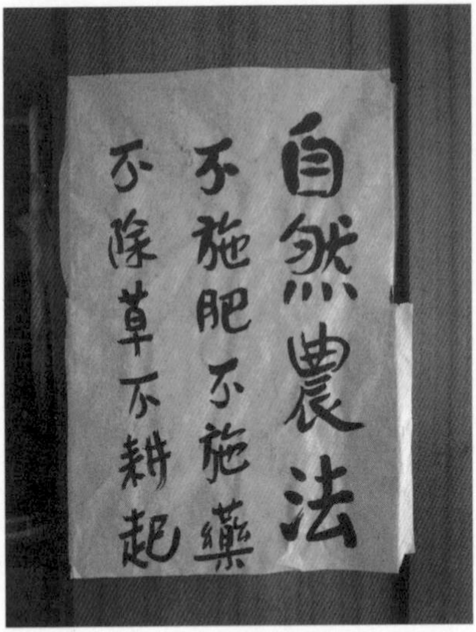

所以現在最常有人問我說，老師真的不要除草嗎？我就會問他說，或者說，福岡正信就會反過來問，世界上有野草嗎？那種講法很像在念《金剛經》，自己立，自己又破，自己又立，自己又破，自己立一個問題出來，自己又把自己的問題破掉，讀起來就完全相應。福岡正信說無，要用沒有的方法，卻又提了自然農法，那不是一個法嗎？即如《金剛經》所說：「一切有為法如夢幻泡影如露亦如電」像水珠、露水，也很像閃電，是所有的因緣際會它才出來的，應作如是觀。你要去觀察，為什麼會有這個水珠、露水，這樣就把自然農法講完了。

問：綠活勞動合作社是二〇〇七年成立，這中間都做些什麼？

答：我在一九八七年畢業之後，一九八九年加入主婦聯盟，因為我比較重視棲地，所以一直都在步道小組。步道小組脫離主婦聯盟後成立了自然步道協會，在協會中的成員比較重視物種，像是「這是什麼植物、叫什麼名字」，而我則比較想要知道這植物哪裡來的、對生態有什麼影響，因為當時那也會影響我對自己工作的認知。

辭職之後的第二年還是第三年，那時候臺灣剛開始做社區營造，我便去申請了一個計畫案，在臺北內湖碧山里，用五成以上經費在做植調，另外五成的經費就針對社區居民做有關環境教育方面的課程。那是一個完全用我自己的想法完成的計畫案。

後來，有次自然步道協會的周年慶找我去解說生態工法。對我而言，生態工法的意思就是重視生態，在二〇〇一年時還是很新的概念，就在我詮釋完我心目中的生態工法時，有位潘偉華小姐（那一年剛好改選為步道協會的理事長），就過來跟我說：「哇，怎麼會有人有這麼好的工作，卻不去上班？閒閒沒事幹，應該找她來合作。」她後來成為合作社的理事主席。

當時她問我最想做什麼，我說，我最想做全臺社區的資源調查。因為我覺得做任何一個工程、任何一個建設之前，你得知道你家有什麼東西，要清點你家的財產——而植物，就是你家最重要的財產。所以，那時候潘小姐就利用步道協會，跟林務局申請了四年的計畫，我們做過文山社區、土城彈藥庫、芝山岩等這幾個社區植物方面的調查；另外在芝山岩還有做環境教育的課程安排跟自然物的展示。

問：您從做工程景觀設計到做植物調查、植栽規劃，又如何走到成立綠活勞動合作社的？

答：因為我本科是念景觀環境設計的，在大學時代就對臺灣的植物很有興趣，參加童軍團時，那裡面認識很多學植物的人，就對植物特別有興趣，也會一起上山去觀察植物。而臺灣原生植物的部分，在生態這一塊，我受郭城孟老師的影響比較大。在東海念書的時候，我不過是對臺灣原生植物有興趣，但與生態的關聯，是後來聽了郭老師的演講才被啟發的。

從我大一開始就對植物感受到的興趣，到出社會成為景觀環境設計師之後，認為如果要做臺灣最有特色的東西，那就是種臺灣原生植物囉！這是個非常簡單的概念，我在東海大學時，便接受教授的要求，將後來觀光局要出版的一本書叫《台灣原生植物在景觀上的運用》的資料收集完成，才能畢業。

離開工程顧問公司後接了些案子，有時也會去分享一些關於環境方面的理念。在跟潘偉華一起做了四年計畫之後，她覺得我們應該要自己創業，不是協會或學會，應該是一個公司或組織。因緣際會下，我們創立了「子芽兒親子成長空間」，主要是做教育的。也因為這樣，我認識了人智學的史代納博士，他認為，人是整個地球的自我，而一個人對他影響最大的時期是在七歲以前。因為感受到他學說的內涵，我自己期許我要做的事，若不是在幼教方面，就是在土地這塊。

那時候，一起在步道協會做四年計畫的，大概有五、六個人，我們就一起成立公司，在金山南路附近租了一個空間，做華德福的親子教育、辦讀書會與環境教育。之所以做華德福教育，是因為先前潘偉華曾經聽過一個朋友談人智學、華德福，她非常認同。那個朋友是宜蘭慈心華德福小學創立時期的元老，當我們要成立公司時，潘偉華就把那位朋友拉入我們既有的團隊開始經營。可是成立公司，在當時需要五十萬的資金放在銀行一陣子不能動，我們沒有那麼多錢，經過一番摸索，也去找合作社事業主管機關說明，大約一年多以後，便成立了合作社。

其實要成立合作社，還是要有股本、股金。那時候很多人支持我們，贊助我們，成為合作社的社員，當時一開始的股本有三十五萬，營運到現在還沒用完。綠活勞動合作社實際上是滿自由的組織，彼此是信任關係的，目前大概十來個會員。如果有人想要做事，但沒有辦法用個人名義來做，只能用組織的時候，那你要用什麼組織呢？那我覺得我們的組織就支持你。只要你做的東西是有益環境、有益社會，就可以支持他。

像我們先前有接一個勞委會的案子，做老年議題，兩年、三年的計畫案。那時候有錢，就租了一個小辦公室。合作社就是這樣，自己負擔自己想做的事的成本。社員中有誰想做政府的計畫案，就用這個組織去接，可是你要計算必須負擔的成本，若有盈餘就回到合作社。像出書，到第二刷時，我想應該會有賺一些些，就會捐一些錢回到合作社。

或者有些農夫要加入，我就說好啊，你們利用這個組織、用這個組織做事，而不是組織去利用你。你要自己去計算你的盈虧，財力上合作社不會幫你。當然到最後，這個帳我自己做，合作社到年終還是會報帳，我們會做好自己的流水帳後交給我們的會計。我覺得合作社社員不用多，我個人認為合作社跟公司是一樣的，任何組織太大，就會很難溝通或容易走上不人性化。

問：從現在往前十年，您自己看到的比較大的轉變，以及往後十年，您對臺灣就是未來環境有什麼想法？

答：我還沒有辭職以前，常常往外跑、出國，還在做工程設計期間，因為工作的關係，臺灣很多地方我都去過了，去看現場、跟人互動、討論事情，那時候我就覺得，臺灣蓬勃發展，什麼東西都是最新的設計，可是它給我的感覺就是非常浮誇、不紮實。大部分人買一樣東西，它的包裝大概占了它費用的百分之六十，實際內容只有百分之四十，可是這樣的東西對臺灣環境是一種負擔。或者我看很多產業，常常都是著重在視覺的設計，我還在上班時，參與的公共工程就需要提撥一定的經費做公共藝術。

那時候我就覺得非常好奇，為什麼要做那些「為設計而做設計」的東西？

我曾經做過一個比較大型的屋頂公園設計案，在規劃之初就把它設定為臨時滯洪池，透過與結構、排水專業的溝通，當臺北市驟雨很大的時候，讓水不要那麼快排出去，在屋頂公園綠地上滯留一下，下水道就不會那麼擠，這是一個簡單的環境概念手法。所謂設計除了功能上的需求，若是能更深思在生態上的影響，才能降低對環境的衝擊，這應該是做設計的人要有的素養，而不僅僅是只是吸引人的目光。

問：自然農法有可能進入臺灣的農業體系嗎？

答：不可能進入所謂的體制、體系。可是我希望所有的農夫，以後真的變成農夫，而不要做農民。因為農夫是出天的。我只希望擁有土地的人把他的土地保護起來，自己的家園自己救。你既然是有土地的人，我希望他能夠好好善待他的土地，只要有土地的人好好善待自己的土地，慢慢就會有影響才能改變，再來談後面的那個政策，會比較容易。

再多的政策出來，你只是跟著短利起舞，沒有真正從農的意願是沒有用的。如果你不能從你自己做起，那其實，誰也沒有辦法來幫你。我的想法就是：要從自身做起才能往外。

問：「無川」這本書十年版權到期之後還要繼續簽嗎？

答：我不知道。而且我覺得它有一點落伍了。那是一個概念的東西，它的落伍並不在於農法本身，而是，很多東西它如果是一個真理的話，它被提出來就是一直討論而已，你不用一直去讀它，至少我覺得臺灣不必要有這本書了。我覺得中國大陸那邊，他們可以看，我主要是希望這本書能讓更多人看到。

所以我在想，還不錯，已經賣（送）出了一千本的書，現在快要兩千本了。對我來說，就是有一千本快兩千本的書在臺灣，被看到了。

假牙詩集——我的青春小鳥

專訪寶瓶文化社長兼總編輯　朱亞君

出版入行年資　共二十六年

現職　寶瓶文化社長兼總編輯

採訪、整理、撰文／李偉麟　攝影／吳欣瑋　許閔皓

《假牙詩集——我的青春小鳥》

假牙著

寶瓶文化出版

十年銷售冊數　一百二十八本

前言

聽出版界的友人談起朱亞君，總是不離「暢銷書」三個字。她在出版業二十六年，所經手的嚴長壽的《總裁獅子心》、《御風而上——嚴長壽談視野與溝通》，《陳樹菊——不凡的慷慨》，《柔軟成就不凡——奧林匹克麵包師吳寶春》等勵志傳記，不僅叫好又叫座，也為出版市場開闢出新的空間與行銷手法。

朱亞君自世新三專編採科畢業即入行，即使出版業不斷面臨寒冬的考驗，至今（編按：二〇一六年），她一直沒有離開。第一份工作在雜誌社，之後到時報出版，然後在皇冠集團先後待過雜誌部門及出版部門，工作的內容涵蓋企劃與編輯；後來到寶瓶文化擔任社長兼總編輯至今，接觸的層面擴及業務面與營運面，資歷相當完整。

對於出版界並不熟悉的我，為訪前準備做功課的最好方式，就是從這本書所有的呈現與細節開始著手，包括開本、所屬的書系、封面、封底、書背設計、內頁、版權頁、字體與字級大小的選用、元素的排列、紙張的顏色、厚度、觸感……等著手，因為每一個呈現的背後都是一個想法、一個堅持、一個主張，它們是一條條神祕的路徑，通往編輯為這本書吹入的那一口氣，給它生命，讓我們與書的靈魂相遇。

《假牙詩集——我的青春小鳥》在所屬的「ISLAND」書系被編為第二五一號。這引導我思考一個現象和一個問題。

一個現象是：《假牙詩集——我的青春小鳥》是在二〇一六年初出版的，這代表「ISLAND」書系十五年來出版了至少二百五十一本，亦即平均每年出版十六本書，也就是平均每二十二天就要出一本。這麼快的速度令我驚奇又好奇。

一個問題是：「這個書系都是些什麼樣的書呢？詩集的出版，對寶瓶文化來說是偶一為之，還是長期耕耘？」為了解答心中的這個疑惑，人在書店的我，目光開始往《假牙詩集——我的青春小鳥》的上、下、左、右移動。

我驚訝地發現，詩集櫃中有許多寶瓶文化出版的詩集，其中書背上的書系編號越少的，越引起我的興趣。這家書店的詩集櫃中，編號最早的「ISLAND」書系是第九本的《河流進你深層靜脈》，詩人陳育虹的作品。翻到版權頁，二〇〇二年出版，那是朱亞君到寶瓶文化的第二年。「寶瓶文化那麼早就出版了詩集啊！原來它不只是一個出版商業類暢銷書的出版社。」我對朱亞君的出版視野，有了更開闊的想像。

那麼，「ISLAND」書系只有出詩集嗎？這是我接下來想知道的。這個書系的書背設計很好認，中間偏上的藍色色塊，跳出白色書名，其上的書系名稱跟著一個號碼，號碼越少，代表越早期出版的書。離開詩集櫃，我走到其他的書櫃探險，結果在文學櫃發現許多熟悉的書名，如六年級本土作家甘耀明的《殺鬼》、馬華文學的《故事總要開始——馬華當代小說選（2004-2012）》，是我參加小小書房華文讀書會所接觸到不同於我過去認知的華文小說；而唐．德里羅（Don DeLillo），是由於小小書房店主虹風推薦而接觸到的美國當代作家，他的作品繁體中譯本，清一色由寶瓶文化出版，包括《白噪音》、《毛二世》、《大都會》、《身體藝術家》、《最終點》，以及《ZERO K》。

「原來，這個書系是文學書，而且涵蓋的種類有詩集與小說、有本土新生代作家、有馬華文學，也有翻譯小說，觸角伸得好廣！看來，朱亞君不是只出暢銷的職場書、勵志書和實用書，她對文學出版其實懷有很大的熱情呢！」我在心中做了個結論，對於即接來臨的採訪，充滿了熱切的期待——這位一手做大眾暢銷書、一手做文學書的資深出版人，對於「出版」的強大能量與廣闊視野，是怎麼來的呢？身為社長兼總編輯，又是如何一手管經營、一手管編務呢？出版業的景氣可說是一年比一年嚴峻，已經不是被列入能夠賺大錢的行業，像她這樣的能手，一定有很多有眼光的老闆來挖角，她，為什麼還留在出版業呢？

最重要的是，朱亞君那能夠源源不絕地出版各類書籍的動力，究竟是從哪裡來，又如何在這二十六年間持續不墜呢？這些，都是我想要透過訪問這本詩集的製作歷程，獲得的解答。

訪談

問：《假牙詩集——我的青春小鳥》今年（編按：二〇一六年）在小小書房一開賣，透過網路來下訂的讀者爆量；很快地，寶瓶文化就追加了贈品。贈品是因應網路社群反應熱烈而提出的行銷策略嗎？

答：對，這本書從出書到行銷，是運用網路社群很有趣的例子。二〇一五年十二月，我在作家小鳥茵（編按：作家王筱茵自稱藝名為「小鳥茵」）的臉書上，看到她貼出假牙詩作〈鄉愁〉，並以幾句話推介，結果短短三、四天內就有三、四千個人轉貼分享，原來並不知道有假牙這位詩人的我，看到他的詩有這麼大的分享能量，當時就感到非常驚訝。

後來在十二月二十一日，碰巧寶瓶文化的一位作者曾翎龍聯繫我，主動推薦假牙的作品；考慮了一下下，我決定要出，但前提是一定要立刻做，出版的速度要快，而且要非常快。二〇一六年一月十四日，《假牙詩集——我的青春小鳥》正式在寶瓶文化的手裡面世，總共只用了十八個工作天。除了出版速度快，我們還在一月八日為這本書跑預購，等於是一月八日之前，封面設計、定價……等重要的工作環節都要完成，只用了十四個工作天。對寶瓶文化和我來說，這本書都創下了最短時間出版的紀錄。

這本書後來賣到突破一萬本，就出版的角度來看，這本書暢銷的最大因素：就是「快」，而且是非常快。如果再晚一個月出版，這個熱潮就過去了，可能最後就變成「印兩千本、賣一千本」這樣的成果。

之所以要「非常快」的原因，是我看到了他的作品在網路被傳遞分享的力量很驚人。我觀察了那些轉貼分享者，發現有很多看起來不是文青，這代表假牙的作品走出了原來會讀詩的那個圈圈，打中了那些平常不太看書的、不太讀詩的人，甚至是這輩子從來沒買過詩集，或是一、兩年才會買一本書那樣的人。因此，出書後的通路除了獨立書店，也必須要同時間在一般的書店包括博客來、誠品、金石堂等鋪陳。

問：如何讓這本書的出版訊息，能夠很快地被市場看見呢？

答：假牙的詩之所以擁有在網路上竄紅的能量，一來是它字數很短、字很大，用手機拍一下上傳臉書很容易，二來它能夠讓人在短短三十秒內目光掃過去就「噗哧」笑出來。之前小鳥茵那個舉動，雖然是無心，但卻在「無心」之中抓對了一個東西——一般的詩作可能要咀嚼很久，但假牙的東西卻不需要，它完全顛覆了詩的常態，顛覆了文字、顛覆了語言。詩人要傳達的趣味，一下子就能夠讓人領會。

出書前我們還做了幾件事情，其中之一，就是就把假牙有趣的詩，在網路上大量地分享。我們把書寄給很多我們認為對這書有興趣、會被擊中的作家，或是網路意見領袖，這個名單還算精準，因此假牙的詩作在網路上大量流傳，讓這本書的熱度在網路上持續了一、兩個月。

問：書的外觀與寶瓶文化同書系其他書很不一樣，為什麼有這種特殊的設計？

答：假牙希望由封面到內文，能夠維持馬來西亞版的設計。馬來西亞版的設計讓人眼睛一亮，我認為只有假牙的詩可以這麼做。應該這麼說，假牙不只是賣詩，連同整個編排與設計，它其實是一個整體概念。封面是藍色的，取用了當地小學生練習簿封面的概念，外面再包了一層牛皮紙書衣，很有意思；但是臺灣版如果要沿用，必須要改成臺灣的小學生練習簿樣式，兩者是有差別的，這就形成了一個問題。

另一個問題是，寶瓶文化「ISLAND」書系是我們創社就有的，我對這個書系的書背，一直有一種莫名的鍾情，因為寶瓶文化大部分的作者是書市新人，我們花了很多時間去累積這個書系的成績，我不想破壞這樣的堅持。於是我跟假牙說，我非常想出這個書，但是能不能用另外一個創意來替代，既能夠保留馬來西亞版的味道，又不破壞「ISLAND」書系的原則——臺灣版的封面，採用馬來西亞版書衣正面的設計，而書衣則以馬來西亞版封面的設計元素與藍色為基調，雖然在臺灣找到的藍色，印在牛皮紙上後，顏色與原版不太一樣，但並不違背我們的概念。書衣的書背，就採用寶瓶文化「ISLAND」書系的方式。假牙和我們都還滿喜歡臺灣版這個設計，覺得挺可愛的。

我對於書背的堅持，對很多人來說是沒有道理的，甚至會覺得好笑，但是對我來說，這種堅持很重要，因為我希望我做的每一件事情，都是有累積的，不管是封面設計，或者書的走向，都能夠有所累積。

出版社是一個「人」的工作，它是一個「人」的氣味很重的工作，其實書店也是一樣；所以，很多東西對我而言是看長期的。無論是編輯、發行或企劃，我希望能夠建立起一個寶瓶文化的氣息，有固定的風格，外界能夠感受到「寶瓶文化味」的存在。

問：網路行銷已經變成寶瓶文化行銷的基本款？

答：對，但是網路行銷做起來很難。雖然很難，卻必須這麼做。未來，我覺得應該也是如此。以前沒有網路的年代，讀者如果想知道書的訊息，是走到書店裡去翻、翻、翻——先翻到序、再翻到目錄，然後翻內文，坐在那邊一直翻書、看書；然後選、選、選、選、選的結果，常常一次就買很多本。一抬頭，才發現一個小時、三個小時就過去了。

現代人獲知書訊的管道，主要來自網路，所以出版社必須要大量地運用網路，想辦法可以如何在網路上推書。我想，不只寶瓶文化如此，很多出版社應該也有用這樣的方式在做。

但網路世界是平的，網路行銷的「難」就難在必須有人味，官網那套已經行不通了，每個編輯都必須像個自媒體一般。比如說我自己雖然是總編輯，但是每天我要花許多時間，

在自己的臉書推廣書，不做不行。在個人臉書的文字中，我可以很真誠的去介紹書，可以用不同的角度去詮釋書，我可以讓情感溢出一些，是一個做書的人在跟你說話。那不是一個制式文案可以做到的。然而對編輯來說，用很多力氣來做這個事情，如果不是有熱血自發性的湧出，有時候的確是一種消耗，真是兩難啊。

問：您察覺到網路帶來的文化衝擊，或是對工作方式以及產業生態的改變，是從哪一年開始的呢？

答：一開始，我不喜歡使用網路通訊軟體以及社群網站，甚至不喜歡用手機講電話，因為我覺得那些東西十分干擾瑣碎，而且訊息進來的那些「叮咚」提醒聲很擾人。

但是大約從二〇一一年開始，我觀察到很多人會在臉書上分享訊息，應該是行銷書的好媒介，於是加入臉書的行列。

然而，從二〇一四年學運之後，臉書上的行為慢慢地在轉變，原來分享生活娛樂藝文的媒介，開始加入了大量社會運動新聞的訊息——社會議題相關訊息越來越壯大，且人人皆可發表評論，相對軟性的藝文訊息便削弱了。且社群媒體大到幾乎成為我們的閱讀主媒介，紙本書閱讀當然就快速下滑，對我來說，彷彿是網路與書的一個「死亡交叉」點。

怎麼說呢？原本很多訊息在臉書分享，是一件好事，原本可是當訊息越來越多，有些讀者就已經被滿足，好像不必去買書就已經得到了書的內容；而且我們以前的行為模式是只花三十分鐘看訊息，然後花三個小時去看一本書，可是現在似乎有反過來的趨勢，許多人花三個小時去看訊息，卻只剩下三十分鐘可以看書。而且，一旦發現沒有足夠的時間看完一本書，就再回頭依賴網路上的訊息。

一開始網路是工具，使用網路的目的是推廣產品；然而現在這個工具不但長大了，還大過於產品，它開始有了生命，它是報紙的一個副刊、是一個媒體、是一個遊戲的場地，也是一個交友的平臺，它已經大過原本它所具有的功能。原本看書的功能是休閒、是獲得知識，也可以從中找出跟朋友談話的話題，但現在光靠網路就能夠滿足這些功能了，這是很恐怖的。本來是運用它，現在它大到快要吞噬你了，這就是我害怕的地方，而且，它無法回頭了，未來這個工具還會一直長大。

所以，網路行銷的難就難在，雖然如此，出版還是必須運用網路這個媒體。時代已經改變了，現在已來到一個自媒體的時代，你若不願意運用它，就少了一條路。但是，要怎麼轉換，我還在摸索。

問：這個現象，會不會回過頭來影響寶瓶文化的出版策略？

答：臉書讓更多人跳出來了，可以從中發掘很多新的作者。由於臉書有按讚、分享、留言的機制，使得我們很容易去觀察這位新的作者是不是有出書的能量。以前看到某人的文章覺得寫得很好，但是看不到回饋，不知道如果出成書，除了編輯認為好之外，別的讀者是不是也會認為很棒。而在臉書、社群盛行的時代，一寫出來馬上就有反應，就知道他是不是擁有可以激發別人熱情、讓別人點頭按讚的能量，等於是為編輯做了一個初步的篩選。

當然，網路只是多了一個管道，而不是唯一的標準。我們也有作者在網路上幾乎沒聲音，或不存在，當編輯的人，還是要有一意孤行的勇氣，甚至把理想放在前面一點的任性，那些都不是按讚數或點閱率可以衡量的東西。

問：是否曾有過判斷失準的例子？比如說，預估透過網路效益應該可以衝到一定的銷量，結果卻沒有？或者，寶瓶文化在網路上面找到的作者，別的出版社也注意到了，重疊性很高。「搶作者」這件事情，這幾年很明顯嗎？

答：其實真正從網路上找到的作者，倒沒有那麼多。二〇一五年一月我們出版梁嘉銘的《寶爺.org》，是一個例子。至於其他作者，很多時候是看到他在別的原生網媒寫專欄或發表文章，或者有時候從原生網媒或網路話題裡知道了他，才拉回來在臉書跟他產生互動。

作家在不同出版社之間遊走，這幾年在非文學作家身上常見。我基本上是不太樂見這個情況。畢竟挖掘到一個好手不容易，推廣新作家的第一本書又是最難的，如果彼此之間這點默契沒有了，其實還滿讓人挫折的。出版是門生意，但卻不僅於生意，他還有編輯與作者之間複雜的心靈投契。我總是希望作者不要急，不要因為一本書的暢銷就急著榨乾自己，畢竟寫作是一條漫長的路，要能夠靜得下來經營自己。你是出版社的幾十分之幾，但卻是自己的百分百，作家要能夠看得更長更遠。

從整個出版業來說，我也想勉勵新進的編輯們，挖掘新作家是編輯的天職，也只有鍛練好自己的嗅覺，本事在自己身上，你才永遠不愁沒有稿源。這才是良性循環，我們每個編輯都在開發新人、激勵更多好手進入這個行業，出版業才會蓬勃。如果只是看著排行榜找作者，那不叫編輯，是買辦。惡性競爭只是讓餅變小，所有的人在一個池子裡混戰，這是很遺憾的。

問：「ISLAND」書系有很多新的本土作家，寶瓶文化的能量究竟是怎麼來的，可以持續十五年不中斷？

答：進入寶瓶文化之前，我在皇冠任職，當時做非文學書為主，而我自己喜歡的閱讀，反而是在文學、小說這一塊。來寶瓶文化之後，我告訴自己一定要有一個系列是做文學書，於是在第一個月的出版計畫中，第一本出的書就是詩集——黎煥雄的《寂寞之城》（二〇〇一年出版）。

一路走下來我發現有個斷層，就是我們那時候在讀的書，幾乎都是五年級作家的作品，但是二十幾歲的六年級作家，當時卻還看不到。張大春、簡媜這些作家冒出頭的時候還不到三十歲，但向前看，下一代卻還沒有起來，於是我就決定要來做這一塊。

做翻譯書當然有意思，可是本土這一塊卻不能少。如果有一天回頭看，六年級這一塊完全是缺席的，那是一件很可怕的事情。這麼說吧，我們要瞭解爺爺那一代的生活，會去讀黃春明那一輩作家的書；倘若我們的下一代或下下代，要瞭解祖輩的生活，卻沒有小說可以作為一個管道，那真的是很悲慘的。所以那時候寶瓶文化做了好幾位六年級生作家的書，包括甘耀明、許榮哲、高翊峰、郭正偉等，雖然這些初生之犢的筆還有一些生澀，但我在文字中看到那些真誠的情感背後，是有很多可能性的。我認為文字可以練，情感卻是練不來、換不來、找不來的，非常珍貴。後來繼續做七年級生這一批，比方說羅毓嘉、陳栢青等。

這件事情到現在做了十五年了，回頭看，當它在第五、六年的時候，還看不到成績，記得那時候有很多出版大老一講到寶瓶文化出版，常會發出「喔，寶瓶文化太大膽了！」之類的評語。直到現在可說是看到一些成果了，當時撒下去的種子，也許六年級的七、八顆，有些開花，有些甚至冒出頭來，這個時候，是編輯最開心的時候了。雖然其中有些作家離開文壇不寫了，但這件事情就是要堅持啊，必須要付出一定的時間，有時候可能再差一步就到那個點了，在那個點之前如果放棄，其實就等於什麼都沒了。

問：這個堅持是您的個性，還是說，是為了其他的什麼？

答：個性吧。我對出版有一個熱情，就是，我同事應該都知道，我很少會為了一本書暢銷而興奮，能夠讓我在工作上亢奮的，是那種「就算賠大錢也非做不可」的事情。

就像二〇一〇年十月，寶瓶文化推出「文學第一軸線」，有彭心楺、徐嘉澤、郭正偉、吳柳蓓、神小風、朱宥勳六個新人，那時候也還不流行網路行銷，那我要怎麼推這些作者？如果一本、一本地推，市場應該不會有反應，再加上那陣子流行翻譯書，我預估根本不會有人理會本土這一塊，於是就大膽把六個新人集中在一起，一次推出，而且要用一個氣勢大到驚人的規格來行銷。

我一踏進出版業是由行銷、企劃開始做起的，所以我思考時都會把行銷併在一起想。所謂的「行銷」不只是用銷量、成本等數字來衡量，而是如何讓這六個名字被記得？包括這一次也是，如何讓假牙被記住？

當年做「文學第一軸線」，我一家家書店去報書，一講就是一個多小時，我努力把熱情感染給書店，讓他們願意與我一起發夢，讓他們認同：對，這是一件不太可能有大回饋的事情，但是，我們出版人非做不可。於是，我們在所有的大型書店都爭取到最好的平檯陳列，而且還為這次行動在誠品書店買了三面光牆廣告，我在所有的報紙刊登廣告，並且每一本的首刷都印四千本，印四千本是因為我覺得必須要印一個量，用這個量說服別人跟我們一起做這件事，用這個量鋪到市面上才會有氣勢。當然，花出去的行銷與廣告費用，一定不可能靠銷售回收，但是，這六個名字會被記得，而且會有更多的好手會因此願意來跟寶瓶文化合作。這件事情變成一扇窗戶，由此可以看到更多的創作者、更多的創作風景。

包括後來出版賀景濱的書也是一樣，那時候他已經離開文壇二十幾年，很少人記得他，可是他的作品很好，於是那時候我們就以電影的規格、陣容與卡司，包括《父後七日》編導劉梓潔、金鐘獎與金馬獎雙入圍的男星吳中天、《賽德克·巴萊》製片陳亮材、剪接蘇珮儀，以及金鐘獎最佳攝影李鳴等，以友情價出動三十多人的電影團隊，包下臺北市安和路上的卡內基餐廳一晚，從晚上七點多忙碌至隔日清晨，為他的作品《去年在阿魯吧》（二〇一一年出版）拍攝了「小說預告片」，創下了臺灣出版史上的第一次。

雖然這兩件事都花了很多錢，但卻都讓我很亢奮，因為我覺得自己在做一件有意思而且有意義的事情。一本書如果為它多投注行銷的錢，無論其銷量如何，只要它散發出的能量是對出版社整體有意義，那我就覺得這個錢應該要花，而且要大大地投資。

同事都知道，我對成本的控制是很神經質地嚴格，控制得很細很細。我認為，所有該做的事情、該花的錢，應該都是為了把書推廣出去而做，而不是為了編輯的開心與虛榮而做。事後有同行對我這行銷計畫嘖嘖，我都笑說那是「精準的失控」啊！

問：網路時代，老一輩的作家，應該不會像年輕世代的作者那樣子經營自己的臉書。那麼，像這樣的作家，寶瓶文化會怎麼行銷？或者說，這樣的作者，未來寶瓶文化會比較不考慮嗎？

答：這樣的作者還是可以做，尤其是老師級或資深作家，已經有固定的讀者群。只是，就必須用翻譯書的方式來做，因為翻譯書通常也不會有作者現身行銷的機會。以我們最近在推的翻譯書《生活是頭安靜的獸》[1]為例，我就在臉書上一再講書裡的故事，並且想辦法用編輯的角度去詮釋，也就是一再用不同的角度去呈現它；相同的方式，用在馬華作

1 伊麗莎白．斯特勞特（Elizabeth Strout）著，二〇一六年，寶瓶文化出版。

家黃遠雄這樣的資深作家身上也行得通，出版《走動的樹——黃遠雄詩選1967-2013》（二〇一五年出版）之前，因為他不是臺灣人，在此地大概不超過十個人知道他，但是因為東西好，我們還是可以透過編輯一再地從不同角度去詮釋，說服通路大規模的陳列，終究看到一些成效。

然而對於新世代的創作者來說，我覺得一定要學會經營自己，因為這是逃不掉的，你如果逃掉，就等於被淘汰掉。這一塊是必須要經營的，然而經營的方式有非常多種嘛，不一定需要每天都在網路上貼吃喝玩樂或晒恩愛，其實可以找到經營自己臉書風格的方式，我覺得這是新的作家要去思考的。

問：做「文學第一軸線」時，網路行銷還不流行，社群的力量還沒有出來。如果是現在來做，寶瓶文化會怎麼做？

答：像我們最近推陳栢青第一本以自己的名字出版的書，就邀請了大概八到十位作家，以接力的方式來談陳栢青。先排好一個班表，比如說書在三月四日出版，那麼就從三月五日開始排，每個作家輪流寫一篇，於是每天在臉書上都可以看到這本書的訊息，每天都有人轉傳，用口碑的方式來經營。不過每本書，自有他不同的性格，我很難一概而論，還是必須要貼著作家的特性去做不同的發想。

問：為什麼出版這個工作、編輯這個工作，這麼吸引您？

答：出版對我來說有兩個意義，第一個是藉由書做自我的探索。我本來就喜歡文字，即使不做這一行，我應該還是一個喜歡看書的人，因為閱讀是一個一直可以去探索自我的途徑。第二個意義是做書可以召喚到頻率相同的靈魂。比如說我做了某本書很開心，然後介紹給別人、向書店報品，或者在網路上分享，告訴大家我為什麼喜歡這本書？為什麼這個作者好？有哪些地方感動我？這一直是讓我充滿熱情的動力，因為我可以把好的書推出去，也就是把好的理念或好的想法推出去。把我覺得美好的事物介紹給別人，那是一件非常快樂的事，而且會讓我樂此不疲，希望永遠可以享受這樣的樂趣。現在我的職務是社長兼總編輯，如果有一天公司規模擴大了，工作內容不需要我再碰編務那一塊，變成只能做管理職的話，那麼我會很沮喪。

問：出版是為了讓更多人閱讀。說到底，閱讀這件事情到底有什麼價值？

答：為什麼我們要閱讀？閱讀是我們生活裡面的一扇窗戶，它帶你看到不一樣的生活。它讓你擁有一種能力，能夠在一個平行世界裡面，有能力跨越時間、空間，在別人的生活裡面去感受，讓你活過不一樣的人生。它也是一扇想像的窗戶，就像小叮噹的任意門，你只要願意打開，它會給你一個驚喜。當你讀得越久，你越知道任意門要怎麼開，或者開哪一扇，打開進去就是一個新的世界，這是一件愉快的事情。

閱讀不是實體的一餐飯或新手機，並不是那麼實際的一件事，它是一個想像。如果人沒有想像的能力，是一件很恐怖的事情。透過閱讀，文字不斷地撞擊你，那都會讓你擁有想像力，擁有永遠鮮活與充滿可能性的人生。

問：您曾經想像過沒有紙本書的世界嗎？

答：沒有紙本書的世界？沒有。但我曾想過，再十年吧，大概是民國一百年以後出生的孩子，也就是在原生數位時代裡長大的孩子，他們的世界裡應該很少有「紙本」這件事情，像這樣的孩子，不再有以紙本為眷戀的思維，才會做出真正電子媒介思考的電子書。因為我們這個世代都還是用紙本書的方式去發展電子書，裡頭還是有紙本書的思維。

問：出版業的寒冬，您怎麼看？您覺得有寒冬嗎？

答：我覺得有啊。不過，我想先分享一件事。有一天早上我在家裡整理書，不經意看到將近三十年前，新地文學出版的《當代中國大陸作家叢刊》，於是重新再翻閱，看到發刊詞中，主編寫著為什麼要做這一系列書，提到當時臺灣不能公開刊印中國大陸書籍的禁忌，可是因為他對中國大陸作家的喜愛，還是努力出版了這一套書，等等。當時我看完這段話，不禁笑了出來，因為現在的我們來看那個時代，簡直是出版業一個好到不得了的時代，但是二、三十年前的出版人卻覺得自己正面臨困境。

每一個時代的編輯人，在去想下一步的時候，可能都會覺得情況一直往下掉。今年，我真的覺得有點恐怖，也就是書市的榮景應該不會再回來了，頂多就是停在一個點。但是轉念一想，出版社也會做一些調整嘛，就是說，以前的出版人在那樣的時代，那樣的營收下，做那樣的事情；然後換到我們的時代，人員的工作型態以及出版型態，我覺得也都會再做調整。所以，如果把自己想成是生活在終年寒冷的北極，就不用哀嘆自己處在「寒冬」的環境了。

不過我覺得未來的編輯，應該會越來越難做吧！以前的編輯，只要在編輯檯當一個默默地喜歡書的人就好，但是現在必須要站到通路與讀者的面前、站到舞臺上，我覺得那是沒辦法避免的事情。我曾經在臉書上寫過，現在出版難，難在因為要讓更多人看到，所以每一步都要走得大鳴大放，但同時卻又要謹小慎微，因為處在分眾的時代，每一分錢花下去可能就被稀釋掉，根本就看不到成效，那麼，作為一個編輯人，就必須要有「手裡耍花槍，腳下走鋼索」的本事——你必須要能夠從容表演，同時間也必須要很謹慎地踏出每一步，這樣的時代來臨了。出版業不會再有以前那樣的榮景，也沒有那麼多的餘裕讓你去實驗、去玩耍，你必須要一步一步走得更謹慎。

最重要的一件事，我覺得編輯必須先看重自己。我每次在網路上看到大家寫「小編」，都覺得這個詞不但把「編輯」這個位置給做小了，也把「自己」給做小了。

編輯並不是一個把別人的內容貼上網路、然後下標題的人，編輯是一個創作人，從來就是創作，我們從嗅到一個可能的作者開始，不管文學線或非文學線都一樣，你找到有潛力的作者，並且輔助他，告訴他該怎麼剪裁作品、該用什麼方式推出去，這個才是編輯的工作，而這也是一種創作，是一種「導演」的工作，並不是「場記」的工作。

編輯，就是一本書的導演，站在導演的位置，知道作者的稿子什麼時候進來、要用什麼方式推出去，以及怎麼去面對行銷，還有之後會碰到哪些事情……等等，你必須要把自己拉到那個位置。

如果一直把自己當「小編」，你永遠就只會哀嘆，哀嘆工作是主編交待的、哀嘆手上編輯的書不是自己喜歡的、哀嘆人得為五斗米折腰。但事實上，只有你自己能改變這個現狀，你必須要把這個放掉，要把自己拉起來。一開始可能很難，老闆不會輕易信任你，作者不會輕易信任你，但是沒有關係，你要試著做，想在老闆前面三步、五步，想在作者前面三步、五步，一次、兩次以後，他們就會相信你，因為他們知道你認真全盤思考過。

其實，我希望我的編輯去談書，就是這個緣故。談書，並不是為了分擔我的工作，而是找到自己的成就感。你永遠做主管交下去的東西，會有感到無聊的一天，你要自己去變成那個獵人，變成那個導演，去找尋自己的題材，做自己的書。現在四十歲的編輯，想要做到五十歲嗎？想要再往上升嗎？怎麼去跟二十歲的編輯競爭？應該就是要提升這個吧！

下課後的台灣小旅行

專訪大塊文化前主編　林明月

專訪大塊文化副總編輯　林盈志

採訪、整理、撰文／游任道　攝影／吳欣瑋（林明月）　王志元（林盈志）

《下課後的台灣小旅行》

貓。果然如是著

大塊文化出版

十年銷售冊數　一百一十本

前言

因為《下課後的台灣小旅行》，訪問了分別從業二十三年與十四年的資深出版人：林明月與林盈志。與兩位出版人的談話，像一席午後的閒聊。或許是世代相仿的關係，聊聊過去，看看以前，覺得格外親切。

明月總編是這本插畫旅遊書，二〇〇九年出版時的主編；盈志副總編則是大塊文化（以下簡稱大塊）當時的行銷企劃部主管。雖然只是數面之緣，但我很早就認識他們。第一次知道明月，正巧是這本書在小小書房的新書發表會；與盈志的結識，則是在小小書房的另一場活動：「出版實務蹲馬步工作坊＆系列講座」，那時盈志擔任〈出版蹲馬步第一式：行銷企劃實務〉的課程講師。

小書店真是一個奇特的地方，這些「獨立書店」空間，各自有他們的主題與屬性，吸引著類似的朋友在那裡聚集。在那裡，你會遇見在之前根本不覺得有可能碰面、談話的這些人，那些世界。而我與貓（作者）、明月以及盈志在小小書房結識之時，也不曉得，在當時還作為未來的現在，我會與他們談起這本書與他們的身世。

當初會參加這本書的發表會，是因為我在小小書房寫作俱樂部的同學——貓。果然如是——出書了。對，沒錯就是這本書的作者！身為讀者與作者的朋友，我那時關心的焦點，都在書與作者身上。

對當時的我來說，「書」不就是作者寫好，給出版社，然後讀者就會在書店的櫃位上看到它，接著就會被讀者捧在手上。作者像是世界形成的第一個原因，跟著世界就照它的形象顯現在我眼前，啟動了我的視界。

行銷？書需要行銷嗎？應該就是促銷吧！編輯？不就是校稿機？像是封面設計或排版，我也不會特別留意。那時，對於一本書到底如何由作者手上經過編輯，以及平面設計師的編排設計，最後到印刷出版的歷程，完全沒有概念，也沒有認真思考過。出版社之於我，在當時，應該就是一個發印中心吧。非常的天真！

當我，還是一個單純讀者的時候。

直到二〇一一年，我在小寫出版擔任企劃主編之後，花了整整一年的時間摸索，想弄清楚到底出版是怎麼一回事，終於在二〇一二年出版了第一本書。

但到現在，我依舊像是個新手編輯與企劃，訪談時，向明月與盈志問起了編輯出版的ABC，由選書開始一路到印刷出版與宣傳的細瑣流程。才發現，圖文書的編排、設計，遠比文字書需耗費更多心力在處理素材的統一與平衡；也才曉得，作品寫就，或是發表在網路上之後，再到被出版社發掘並印製出版，中間其實還有一段遙遠的路程，至少得要有個對你的作品有想像力的編輯，發掘你。當盈志聊起幾個他在大塊曾參與的行銷案時，我記得，當時它們都曾是一時間許多人的討論話題。這才真正體會，一本書出版後到我知道它的存在，不是它靜靜地躺在架子上，就會自己發出聲音，自然地有人推薦、寫導言、寫書評。那些在你腦海中留下印記的話題與談論，那些社群網路上的分享與轉載，原來過程一點都不平靜。一切的一切，並沒有像想中的那麼理所當然，只是你不知道而已。

如果不是後來自己做了編輯，初初進入這個行業；如果沒有這次的採訪，我想我可能不會有機會了解這些事務背後繁雜的過程。

當我，不再是一個單純讀者的時候。

明月現在於合作社出版擔任總編輯，同時負責出版社的營運；盈志則一直留在大塊耕耘。他們不約而同提到近二十年，從網路興起，到隨身閱讀與傳播載具的普及，以及社群媒體形成的分眾現象對書業的衝擊。面對現在與未來，由他們不同的角度出發，會帶給我們什麼不一樣的回應與想像呢？就讓明月與盈志自己來告訴我們吧！

專訪大塊文化前主編　林明月

出版入行年資　約二十三年
現職　合作社出版總編輯

問：您和作者，貓。果然如是（以下簡稱貓）是如何結識的，當初怎麼會想出版這本書？

答：二〇〇六年認識貓時，我還在城邦布克文化（以下簡稱布克），因為她參加了當時樂多「夏日部落格傳說」與出版社合作的出版計畫，獲得「布克賞」。原先計畫要出的書，是她部落格獲獎的內容：日本東京、京都的城市旅遊紀錄，不是《下課後的台灣小旅行》這本（以下簡稱「台灣小旅行」）；不過，因為貓後來撰文時遇到瓶頸，計畫就先停下來。但我還是覺得，她應該要出她的第一本插畫風格的旅遊書。因此，我們就從她當時的想法、其他筆記本與部落格上的插畫和文章，重新整理出「台灣小旅行」這條線來出版。由於貓在部落格上發表的作品是以圖像為主，要做成書，文字得再調整或重寫，所以直到二〇〇八、二〇〇九年，我在大塊文化（以下簡稱大塊）擔任主編時，她才真正完成書裡所有的圖文，累積足夠的內容量，我們才開始做。

貓的作品最吸引我的主要有三個部分：水彩的插畫風格、旅行地點在臺灣，還有旅行記事本的形式。我們當初就想將整本書做成筆記本的感覺，實際上，它也是從好多本旅行記事本中集結出來的。書封上的縮圖是她原來記事本的樣子。

我記得出這本「台灣小旅行」時，市面上已經有其他家出版社，出了一些不是臺灣大的城市，例如宜蘭、花蓮的旅遊書籍。大家那時對在臺灣生活、旅遊的關注度已經比較多了，不會只想去國外旅行。不過，當時旅遊紀錄的圖文書，應該還是以攝影文字書為主；以插畫作為主要圖像的，可能有，但是比較少，少到還沒有成為趨勢吧，哈！

雖然這本書的風格在當時還不是主要趨勢，但因為我做的一直都是設計、旅行，還有生活類的圖文書，所以貓的作品本來就在我的出書面向裡。那時我們在大塊，會把「第一眼就能吸引你目光」的圖文書，放在catch系列，貓這本也是。當初做這本書也是有一點冒險，擔心讀者會不會覺得圖太多，或是手寫文字不好閱讀……等等，可是我們還是覺得有機會，因為那時大塊很多圖像書其實都賣得不錯。但我真正比較在意的，是它呈現出來的面貌，是不是符合大塊要做的，或是作者想要的樣子。

因為貓本來就喜歡走一些不是大眾旅行的路線，會去到臺灣比較有特色，但不是那麼熱鬧的地方，還會去逛臺灣各地的小書店，都是當時一般人可能比較不會去的地方。再加上大部分旅行的人，對移動中的吃食比較留意，所以我們將書分成幾個主題：「書店的旅行」、「味蕾的旅行」，和「台灣牽手散步」；此外，貓自己很喜歡手作的東西，又畫插畫，都是和「手」有關，所以最後又規劃了「手的時光」這部分。由於貓是國中美術老師，我們就把書名叫做：「下課後的台灣小旅行」。其實，就是她下課後的生活紀錄。我們覺得，即便只是在自己的生活場域裡移動，也是一種旅行，所以不管她是去臺灣其他城市旅遊，或是在自己居住的淡水，還是去住家附近的咖啡館、上課學手作，我們都把它放進書裡。

問：當初出版社如何協助這本書的行銷？您和同事之間是如何分工？怎麼評估這些推廣的成效？

答：坦白說，它不是出版社會投入資源去做的大書。一般大書是指在市場上能創造銷售的書籍，出版社會付出許多心力以及預算經營的書，希望它也能相對反應在銷量上，那麼你可能會在許多媒體上看到那本書的露出與話題行銷，或是作者頻頻曝光打書。那時這本書，我記得主要是貓自己會在她的部落格曝光，她的粉絲應該在出版前，就知道她有出書的計畫。雖然新書頭一、兩個月的活動，會在出版社的網頁上宣傳，可是書出了一陣子後，各地來聯繫、邀約的活動，印象中還是以她自己部落格的宣傳為主。

因為書裡面有介紹各地書店、店家，加上貓認識許多咖啡店、書店的朋友，所以我們去了幾間書店、藝文空間辦活動，做作者分享，大多是發表會、簽書會。貓其實還滿自立自強的，如果活動辦在中南部，又剛好是假日，通常她跟店家認識後，決定時間就會自己去了，不太需要我們協助。除非像車馬費、講師費的議談，有時她不好意思問，還是她需要一些文宣，或出版社派書下去等等，我們就會幫她處理。

我記得小小書房、有河Book，草葉集、東海書苑……我們都有去。不過，我們讓她去跑活動也不是為了單點、單次的銷售量；書的行銷成效是要累積起來看的，而且不同屬性的書籍，衡量曝光度的方式也會不同。因此幾次活動下來，我們發現小書店會願意進她的書，那它之後鋪出去的量，或是在小書店曝光的點就比較多，反而大家在小書店會比較常看到它。

印象中，貓這本雖然很快就再版，但應該也過了新書期；臺灣一般新書期約三個月，過後你能做的宣傳本來就很有限。臺灣的出版社，再版之後都很少有新的行銷規劃，除非是在新書期間就再版，或是換書封、增加新的內容時，出版社會再發一次書訊。

一般來說，在發新書前，我都會跟行銷同事討論宣傳上有什麼可以做的。不過，宣傳業務主要是行銷部門在規劃，最後他們會決定要做什麼活動，因為他們比較有經驗，知道哪些地方、哪個時間點適合做些什麼事。我通常不會特別push行銷一定要做哪些事情，但是基本的，譬如發新書書訊、banner或海報文宣的製作、媒體採訪的安排等等，這些都要做到。因為你要先曝光，其他的活動才會找上來。由於大塊的行銷分工很細，不論是事前的活動規劃、場地的聯繫，還是現場事務的準備與布置，都會有同事負責照顧，所以我不太需要跟著看活動的狀況。不過只要我有時間，或是有些作者希望現場能看到他的編輯，需要我去穩定軍心的，我就會一起去。

其實每一個宣傳活動我們都會事前評估，看這一場是要做給媒體，或是要做給讀者，還是做給作者的，依此來考量不同的場地跟預算；然後再看銷售狀況，或是媒體曝光度是否有達到原來的預期。我們每周都會看銷售報表，檢討新書期的宣傳效果；不會以單場的銷售來看成效。通常大通路如誠品，出版社去辦活動，主要都是做給作者或是媒體的，因為拍照的氣氛、畫面比較好，或是作者希望辦在那裡。除非是非常有知名度，或是平常有在經營粉絲的作者，不然活動現場能夠賣出一定銷量的，其實很少。有些作者會覺得一定要有簽書會、發表會，那是一種迷思，因為辦這類活動，要靠它來賣書、賺很大的量是不太可能的，頂多就是它的題目好，可能會有媒體願意來、幫你發新聞，讓它的曝光度比較高而已。

問：這本書花了多久時間編排製作？這期間編輯的工作主要是什麼？

答：臺灣的編輯大概一、兩個月就要出一本書，所以也沒辦法花太多時間。我是先跟貓討論，決定把這本書做成像MOLESKINE筆記本的感覺，再來就是將素材分類和落版——

這些是編輯要先做好的事情，最後才交給設計先做版型。設計師比較辛苦，必須先了解整本書籍的層次才能放圖文。像這本書的素材很多，有些圖跟文字必須放一起，還有Box（編按：資訊格）的資料……哪些素材一定要放、哪些只是裝飾圖，都要分類清楚給設計。這個步驟，臺灣現在很多編輯沒做好，東西撿一撿就給設計，反而是設計師幫編輯做了很多事。

最麻煩的是，初稿排出來之後，需要製作請設計師調整、修改的一校檔案。因為多數平面設計師不會閱讀書的內容——這不是他們必要的專業——有時他們會因為覺得很漂亮，就把不需要放的照片，或跟那一頁文字無關的圖、元素放進去。所以我在請設計調整前，會自己先在PDF上排過一次，然後在一校檔裡清楚告訴他們為什麼要這樣改。溝通時很重要的一點是，不能只跟設計說：「我要字大一點或字小一點」、「圖要在左上或右下」；必須說出你的考量，例如：按閱讀的邏輯，書頁翻讀時第一眼看到的可能是右上角，但稿子裡卻把最重要圖文放在左下；或編輯希望讀者第一時間看到的是某張照片，結果卻看不到等等。其他只要不影響閱讀邏輯的設計，就不一定要照我的想法，設計還是可以發揮他們的創意。

一校稿調整完，版面大概就已經定案。二校時就會給作者看，除非他整個版型都要換，不然很少在最後還要做很大的更動。不過如果是作者的要求，我會盡量照作者期望調整；因為對我來說，我每個月都有書出版，但這可能是作者的第一本，或是他唯一的一本書。除非它真的跟我的想法落差很大，不然作者喜歡，那就照他想的做吧。因為出書後若不滿意，每天會看著它嘆氣的不是編輯而是你的作者呀！

問：將筆記本、部落格的內容轉換成實體書時，在執行上有遇到什麼困難嗎？

答：當時最困難的主要是圖的處理。貓平常放在部落格的圖都是她自己掃描的，因為網路上需要的解析度不高，所以沒什麼問題，但要印刷成書，就要把圖送去印刷廠重新掃描。比較麻煩的是字跟圖要分開處理，因為黑色手寫字如果和圖一起掃描，會變成四色黑，印刷時如果沒套準，就會看到疊影、或不夠銳利，所以需要把手寫字全部拉出來，掃描成單色黑。當時最怕遇到都弄好之後，才發現有錯字，只好請貓重寫，寫完再掃進去替換。

再來就是，原先發表在部落格上看的內容，是配合上下滾動閱讀，但書是橫翻的，必須重新安排素材，把閱讀的感覺轉換成書籍翻閱的感覺。由於這本書的素材比較多，有些圖是當下用水彩畫的，有些則是後來電腦上色的，圖像來源不一樣，但我還是想盡量做成本來就畫在紙上的那種感覺。再加上照片的處理……每一篇的狀況都不太一樣，所以整理起來比較麻煩，得依素材分成許多檔案夾，一篇一篇打包給設計。

問：二〇一一年您在一起來出版時，出了貓的第二本插畫旅遊書：《貓的夏。日小旅行》。兩本書前後在不同出版社出版，需要特別區隔嗎？製作過程有什麼差異？

答：日本東京、京都的旅行紀錄，是她當初在樂多獲獎的內容，我們本來就想做這本書。而且都是同一個作者的作品，主題與圖文風格類似，所以沒有需要特別區隔。除非她整個風格轉變，不然本來就需要在出第二本書時，讓人看到書就會想起她，想起她第一本書的樣子。

其實像貓的兩本書，都是先有素材才開始製作的書籍，因此成書的過程可能需要補圖、補照片或文字。「台灣小旅行」她還可以再回去現場補很多東西，但日本這本不行，因為它是兩個夏天的旅遊紀錄，兩次使用的媒材不太一樣。再來，也是因為她當時在旅途上，沒有辦法畫太多、寫很多，可能只是打了草稿，或拍了照片就回來了。所以這本書裡的大圖、主圖，我們幾乎都是根據草稿和照片，在圖畫紙上重新畫過，包含後面教讀者怎麼畫畫的這些圖，都是重畫的；許多文字，也是回來之後才慢慢補起來。其他，像在做書稿時，如果遇到哪邊缺了什麼元素，也會另外再請她補一張小圖或文字。這是和做第一本時比較不一樣的地方。我記得在收稿前，我們一個星期有三、四天的時間都到設計師的辦公室報到，貓就照著她的筆記本，幾乎是一篇一篇重畫，而我就在那邊工作陪她。

不過第二本的銷售狀況沒有前一本好，可能是因為二〇一一年的時候，已經有很多人做類似的書，而且大家對日本其實都已經很熟悉，網路上也能找到很多資訊。我記得貓的第一本書，當初首刷應該是五千本，很快就再版了，現在自製書首刷五千本的例子都已經很少了。

問：網路普及對您在編輯工作上有產生什麼影響嗎？

答：對我來說，網路興盛最大的便利，就是在資料的搜集與整理，還有找作者變得比較容易。像二〇〇六年我還在布克時，我們會跟樂多合作，就是網路、部落格開始比較發達，在上面找作者最快，他們的圖文、大綱幾乎都在上頭了，你不用費心再去聯繫、寄作品什麼的。不過相對的，競爭也比較多，每個人都可以留下訊息說，我要找你出書，而且可能同時有很多人在跟同一位作者談，所以經常你留話給對方的時候，他已經被別人簽走了。

問：網路是否已經成為您搜尋作者的主要管道？

答：我大部分的作者，主要是我認識的，或是透過別的作者、朋友推薦來的。我很少只為了找作者在網路上逛，大多是上網找資料的時候，剛好有人寫作或分享我有興趣的主題，我就會連進那個作者的部落格瀏覽一下，覺得很不錯，就開始跟他們聯繫。或是在逛實體或網路書店的時候，看到不錯的作品，會想找作者聊一聊。

當然也有投稿到出版社來的作者，現在可能比較多是直接在臉書留言說，他有一個什麼樣的出書計畫，問我們有沒有興趣。

問：您覺得現在新興的作者，要如何讓出版社知道他的存在？又應該如何看待自己作品的出版？

答：我覺得透過網路的社群讓大家認識你或是讓出版社了解你，是目前最快的管道。不過，像臉書這類的社群媒體，訊息動態停留的時間很短，之後就很難再被搜尋到。所以我建議寫作者要同時經營自己的部落格，讓出版者比較容易瀏覽、了解他完整作品的內容。

我通常都會問寫作者有沒有臉書、部落格，可以讓我上去看他的作品，如果題目我有興趣，我一定會請他們先提寫作大綱來，大綱方向沒問題，我們就會往下走。不過，我也曾遇過我覺得不能做的內容，但是其他同事接受了，幫他找目標讀者、找方向，請人畫插畫、幫他寫序等等，結果後來賣得很好。所以，我覺得機會不是完全沒有，要看遇到的編輯對你的書有沒有想像。只是，網路上一般是免費閱讀，如果希望讀者付錢買書，就必須有非常吸引人的地方。因此，如果決定要出版，通常都會需要跟網路上的內容做一些區隔或補強。

另外就是，想出書的寫作者一定要有自信，相信自己的作品是值得推薦給別人的，然後要有決心把書推出去。其實，我跟每個作者談的時候，都會很清楚的告訴他們，我出書是為了賣書、為了賺錢，如果賣不賣對他來說都沒有差別，通常我就不會跟這個作者合作。作者都沒有想把自己的書賣出去的動力，那書怎麼可能會推得出去。

問：您從業二十多年的歷程裡，哪個階段的經驗，對您現在經營出版社有比較大的幫助？

答：因為我十幾歲就想當編輯，在學校編校刊時，就開始接觸基礎的編輯工作，所以我一畢業，就決定進出版業。雖然當時我就很清楚自己喜歡什麼、要做什麼類型的書，不過剛進入業界，還是有很多技術面的事務需要熟悉，以及跟著作者、設計師學習，了解不同出版社的經營風格等等。因此，一直到二〇〇五年我在布克做主編時，才開始真正做我自己有興趣的自製書，到現在方向一直都沒有變過。

比較大的不同是二〇一〇年，我到讀書共和國出版集團經營「一起來出版」（以下簡稱一起來），不僅擔任總編輯也開始負責整間出版社的運作。之前當主編的時候，只需要負責編好自己的書，不太需要碰觸經營、管理的部分，看銷售報表也有財務助理幫忙；可是到了一起來，我開始要負責經營一家出版社，管理人事、控制庫存和現金流，變成除了編輯，還得是個管理者、經營者。之後，二〇一五年到小器生活旗下的合作社出版（以下簡稱合作社），銷售的方式和想法也和以前不同。因為小器生活的主業是工藝／民藝等生活道具，以及自有

品牌商品的販售，延伸有藝廊、店面，也有自己的料理教室。所以出版這一塊的經營，會想整合公司不同部門的資源，一方面讓書可以在藝廊展場與店面銷售；另一方面，講座、教室的活動，可以成書的，也讓它出版。想要透過出版，把我們對生活方式的思考或觀念，完整的傳達給消費者；也讓不同領域的讀者，藉由書籍，了解小器生活的其他商品與活動，甚至進一步來消費。那麼，也許我們書籍的銷量和出版數目不需要大，但以整個公司來看，就會有它的效益出來。

問：請總編描述一下您在出版社最典型的日常，與最難忘的體驗？

答：我每天進出版社，都有很多行政事務要處理，不管是報帳、回信還是開會，看稿時經常會被其他事情打斷，通常都得等回家後才有辦法專心處理。所以我在辦公室會先把看稿的準備工作完成——檔案都先搬好、照片分類好，回去再開始仔細閱讀、校對。好像都在工作沒有休息，但我自己覺得還好。因為是做生活類的書，不管我是去玩或是遇到人，都會想到工作的事，把它們連結起來，所以也不覺得這樣很辛苦。要說辛苦，整個出版年月裡，我覺得最痛苦的就是延書！

一般來說，出版社編輯最晚要在每年的九、十月前，提報下一年度的出版計畫，但在臺灣，生活類的作品比較少是作者已經寫好了稿子來的。所以我大概都是提報前一年左右，就先找好作者，提早讓他們知道寫作的方向——哪些內容是可以直接用的、哪些要重寫重畫——主要是為了讓作者有寫稿的時間。通常拿到稿子後大概兩、三個月我們就會出了。但是作者常常會拖稿，以我一年十到十二本書來講，可能前一年就要找好二十位作者，遇到拖稿就馬上換書，不然就無法達到當月的業績。延書除了會造成出版社在財務上的問題外，當大家都準備好，所有選書、送審、行銷的時程都排定了，這時你卻要延書，真的是說不出口。除非不得已，不然延書真的會逼死自己，壓縮所有人的時間。所以也只能盡量盯著合作對象，讓他們了解你的苦衷。要是有作者延了兩年還是無法完成，就要立刻判斷放棄合作。要是哪一天他突然又交稿了，就當作是天上掉下來的。

問：對剛入行、或想入行的新手編輯，您會給他們什麼建議？

答：前提當然是喜歡閱讀。我建議新手編輯要做自製書，因為它才能訓練出你真正的編輯能力。而且自製書才是從我們自己生活與文化中發展出來的，如果文化要永續發展，還是得靠我們自己創作的作品來累積。但不管是做自製書還是翻譯書，編輯都需要訓練自己的語言與邏輯能力，因為編輯最重要的工作就是整合出內容來，把書編得讓讀者看得懂，喜歡看，這些能力是必備的。同時，現在當編輯也必須認知到，出版社是一家賣書的公司，會要求業績是很正常的，所以也要培養自己數字分析的基本能力，才能控制成本，在看起來好像沒有什麼利潤的空間裡找到利基，即使只是印兩千本，我相信還是會有印兩千的賺法啦。

問：以您從業這些年的觀察，臺灣書市的起落有明顯變化的時期嗎？現在做書的困難在哪裡？

答：二〇〇六、二〇〇七年前後，我在布克與時報出版時，書雖然沒有像更早期那麼容易銷售，一般書籍的起印量都還可以到五千本，書也還是可以賣到破萬本。可是大概在二〇一三、二〇一四年，我還在一起來時，就覺得許多書很難再賣到破萬本。這兩年我在合作社，因為還要兼顧小器生活料理教室的事務，沒有心力像以前那樣，注意各個通路的即時榜或銷售狀況，可是看自己出版社的整體銷量，真的掉很多，書要賣到破萬，真的更難了；聽其他同業講，各家的銷量在這兩年也是比之前掉得更大。原本起印量四千、五千的，現在可能只有兩千、三千本。

應該是臺灣的經濟也沒有之前好，連帶整個書市消退，是讓所有類型的書，在銷售上都衰退。我自己覺得現在大家的閱讀量沒有減少，但是閱讀的載體都變了，電腦、智慧型手機或是平板，吸引你去閱讀的東西也變多，看書、買書的人就更少了。以我做設計、旅遊、生活散文與食譜的書來講，我真的覺得網路影響很大，沒有什麼是你在網路上找不到的。比如說食譜類的書，幾乎你在網路上都可以找得到各種料理的作法。你的書要賣，要不就是照片要拍得好看，或是這個旅遊作家、料理研究家有他自己的魅力、生活風格。因為生活類的書籍是販售一種希望與夢想，應該很多書都是。這些書裡經營的生活，是提供許多人工作之餘想追求的目標，包括想去旅行的地方，或是想像自己哪一天也有一個獨立廚房時，他要在裡面做哪些料理、買什麼廚房器具……許多人買下書就覺得已經踏上夢想的旅程，踏出了第一步或收存了一份夢想。不然的話，如果只是想要知道景點資訊或是料理的方法，大家為什麼要買這類生活風格的書啊？

除了網路閱讀的影響，整體臺灣書市下滑也許還存在更複雜的因素。坦白說，我應該要非常在乎、要去了解整個市場消退的原因，可是有些事不是你找到原因就能改變的！以我熟悉的生活類這一塊，現在的書，每波的議題趨勢都很短，因此變成你掌握節奏要很快，有議題、有作者就立刻出，不然大家很快就會跟著出一堆。但以我目前出版的規模和編輯的進程來說，我沒有辦法這樣出書。而且我不覺得書一定要跟著市場流行做，如果某類書開始流行，我腦中搜過一遍，身邊沒有這類作者，或是我對這個議題也沒興趣，大概就不會想做。如果有作者，並且它是個有持續性的議題，就算一時間的風潮過了，我還是會做它。所以編輯面上，我考量的主要還是讀者跟整個社會的需求，希望自己做的書不要被市場或趨勢搖擺。

專訪大塊文化副總編輯　林盈志

出版入行年資　共十四年
現職　大塊文化副總編輯

問：請問副總編您一進大塊文化（以下簡稱大塊）就是在編輯部嗎？

答：我是在大塊創立第六年，二〇〇三年的時候進來的。那時因為朋友跟我講大塊在應徵企劃，所以就寄了履歷。但其實在我研究所剛畢業開始找工作時，就有來大塊應徵編輯，但沒應徵上，直到這次大塊錄取了我，進了企劃部。

我記得，我最早買的大塊的書應該是《最後14堂星期二的課》[1]。大概是一九九八年，我剛退伍一個月的時候買的。當時大塊已經成立兩年，可是我並沒有注意到這本書是一家新出版社出的書。雖然郝先生（編按：大塊文化董事長郝明義先生）在一九九七年策劃臺灣商務印書館OPEN書系時，我已經意識到，他跟以前在時報出版（以下簡稱時報），

1　米奇．艾爾邦（Mitch Albom）著，一九九八年，大塊出版。

規劃許多知名書系的總經理，是同一個人。不過，真的要到二〇〇一年底左右，大塊推出from、to系列時，我才發現原來郝先生在做OPEN的同時，還經營一間那時剛成立的出版社叫大塊，於是開始注意這間出版社的發展和它出的書。所以在應徵時，被問到大塊幾個主要的書系和書，我都知道。

當時應徵我的主管很驚訝，但我覺得那是基本的東西，大家應該都曉得。我就說，其實那些訊息，只要有在看版權頁，或是看《讀書人》[2]、《開卷》[3]、報紙副刊，還是其他文化版面的就會知道。一直到後來，我在大塊帶企劃部門，遇到很多來應徵的人，發現他們根本連出版是什麼都不知道，更不用說這家出版社的特色。這才知道，原來像我這樣子是有點特殊的。

但其實我對出版的概念，是在嘉義念中正外文系時，窩在學校裡的書店復文書局看書，才發現原來這麼多書噢，而且還是按照出版社排，很容易就把出版社的書，照書系瀏覽

2　編按：紙媒《聯合報》書評專版。一九九二年四月十六日創刊，每周四出刊；二〇〇九年四月廿六日停刊。

3　編按：紙媒《中國時報》書訊與書評版面。一九八八年四月廿四日創刊，每周日出刊，並舉辦年度十大好書評選「開卷好書獎」。一九九二年五月《開卷》版改制為《開卷周報》，每周五出刊；二〇一六年停刊，同年「開卷好書獎」停辦。

過一遍。對出版的一些觀念，還有對出版社的認識，就是從那時候建立起來的。也是那時候，才知道原來有《開卷》，有《讀書人》……等等的書評版面，開始注意這些出版訊息。

問：進出版社當企劃之後，有哪些案子是讓您印象深刻的？

答：新人時期，印象比較深的案子，一個是Leonard Cohen的小說《美麗失敗者》[4]，另一個是幾米的《又寂寞又美好》（二〇〇三年，大塊出版）。兩個案子，都是當時的企劃主管帶我的時候做的。郝先生那時從廣告業找她來負責出版社的企劃，雖然她待的時間不久，大概三個月，但我覺得那三個月的時間收穫非常大。她在短時間裡，讓我從面對產品該怎麼發想開始，到如何將想法透過文字、透過活動，組織、操作出來，傳遞給目標讀者等等。她建立起我所有行銷的概念，以及對一個完整行銷案的認識。

像《美麗失敗者》，她規劃一個小型、簡單的發表會，希望發表會能帶到Cohen同時是一位作家與音樂人，所以決定找人來現場唱歌。我就從她開始操作書的概念，到可以找哪些人和資源，以及設定場地，找媒體、發新聞稿，整個流程跟著跑一遍。做《又寂寞又美

4 李歐納．科恩著，二〇〇三年，大塊出版。

好》時，則是由書店下廣告、做光牆，籌劃一個從邀請函開始，就帶著精緻質感、伴著簡單動人表演的party式發表會，來串接媒體連訪與專訪，營造書籍專屬的氣氛……就這樣學著一個一個弄出來。

再來就是二〇〇六年，做小說《歷史學家》[5]的行銷案，算是我主導的第一個比較大的、成功的例子。當時我就認為，不能只利用自己出版社，開一個單一網頁或部落格來行銷一本書，因為如果沒有流量導入的話是完全沒效的。一定要利用已經很有人氣、散播在各地的寫手，借助這些力量，讓他們去談這件事，然後再經由活動把他們匯集起來，才有可能帶動書籍的銷售。於是企劃部門和發行部門通力合作，從

5 伊麗莎白·柯斯托娃（Elizabeth Kostova）著，二〇〇六年，大塊出版。

書店銷售端的活動配合、裝置陳列，再到傳統媒體與網路媒體的結合，規劃了這個將書店、網路及平面媒體三者連結，綁在一起的大案子。我記得那時，我還提早兩個月就去跟通路說書。當時蕭佳傑在誠品書店（以下簡稱誠品）商品處當企劃，特別offer一個企劃案，跟他們的讀書節一起規劃，包括誠品的廣告，還有《好讀別冊》要怎麼跟會員介紹這本書、提供哪些東西等等。這次合作，也建立起我該如何去操作書的感覺跟概念。

後來書店端的宣傳，配合誠品的閱讀節，在書正式出版前，預先在店頭的傳單曝光，搭配獨賣三天的噱頭，並在誠品的重點書店，信義店與敦南店做主題布置陳列，營造小說氛圍。網路宣傳則是做大規模的部落格版主試讀，找《中時電子報》合辦徵文比賽、網路票選，再讓獲選文章發表在《開卷》上。那時，他們電子報的流量很高，所以我去談了專案，希望這本書的行銷也能變成他們的活動之一，掛在他們那邊，讓活動內容與流量也能回饋給他們。只要點進首頁裡的活動banner，就可以看到所有參與的部落客，以及部落格介紹，還有最後入圍和獲選的文章。

之後當然同業就拷貝著做，但是沒有一個是那麼完整的，連我們後來自己做，都做不了這麼完整的案子。

不過其實試讀活動，之前《風之影》[6]出版時就有做過。找部落客徵文也不是我們獨創的，應該是二〇〇四年，陳豐偉（編按：智邦生活館前總經理）在智邦生活網時，幫忙推吳乙峰導演拍攝的九二一大地震紀錄片《生命》，就找了部落客去看電影、寫影評。當時我就想，我們書評平臺已經很少了，為什麼不能從這邊發想，所以就想來嘗試。第一次做的時候非常不成功，那本書是Zadie Smith七百多頁的小說《白牙》[7]。當初，我並沒有把它做成大的event，只是私底下找人，寄書給他們，希望他們寫書評，結果沒有一篇寫出來。由於這次失敗的經驗，才發展出《歷史學家》的模式：公開徵求心得、書評，以及從書店端到網路，再到報紙媒體，整個串起來的方式。讓它從一開始公開徵求就是一個event，

6 卡洛斯・魯依斯・薩豐（Carlos Ruiz Zafón）著，二〇〇六年，圓神出版。
7 莎娣・史密斯著，二〇〇四年，大塊出版。

全部過程、步驟都變成一連串的event之後，再一個一個將它接起來。當然，也要遇到合適的書才能這麼做。

其實都是經由別人曾經做過的方式，或是別的案子的觸發，然後我再整合起來，希望能夠做到最好。我認為企劃就是一個整合的工作。

問：部落格行銷是何時開始盛行？傳統報刊媒體現在的宣傳效果如何？

答：大概是一九九九、二〇〇〇年左右吧，先是從《明日報》的個人新聞臺開始，後來變成PChome的個人新聞臺。我記得應該是到二〇〇三年底、二〇〇四年後，部落格已經非常盛行[8]。當時雖然媒體已經在分化，不過都還有某種大眾效應，只要有地方刊出某個內容，很多人就會去看。現在都是分眾，你也不知道讀者在看什麼媒體，而且隨時都在變化。許多平面報刊停刊，文化版減版、轉型之後也不太將出版的訊息當作新聞來報導，連《讀書人》、《開卷》都停了，幾乎快沒有平面書訊、書評專版可用，所以更沒辦法掌握有效的訊息傳遞方式。

8 編按：Blog開放免費使用可溯自一九九六年。臺灣於二〇〇二年在藝立協社群推動下，將「Blog」命名為「部落格」。「部落格」於二〇〇三年Google併購blogger.com後廣為人知。（出處：ITs通訊《電子報》，彭逸帆著，資訊應用：〈淺介「部落格（Blog）」的發展與應用〉，第二十期，二〇〇七年，中央研究院資訊服務處發行。）

問：二〇〇九年出版《下課後的台灣小旅行》（以下簡稱「台灣小旅行」），您有參與它的行銷企劃嗎？

答：我是二〇一一年六月轉到編輯部，之前一直是在企劃部，所以這本書後續的各種行銷都有參與到。但因為，每本書行銷涉入的多寡不太一樣，有些書我們要從頭幫它定位，就會涉入比較多，從已經有的媒體、通路，各種相關的管道去建立起銷售的網絡。但這本，反而是作者自己比較能夠catch到它的族群。所以當初是借助作者自己原先作品的魅力，帶出她的同好、既有的人脈網絡，以借力的方式去推這本書。

問：具體來說，企劃切入的時間點大概在哪個時機？

答：一般都是在出書前一個月左右，但遇到大重點書時，通常會提前到三個月。因為出版社每個月同時有很多本書在進行或出版，書的行銷幾乎全部都重疊在一起。舉個極端的例子，例如，有的公司一年只推出一隻手機，可以有較多的時間去處理行銷流程；在出版社，經常只有一個月，很難有長時間去跑一個案子的機會。

我認為產業間的差別，使得書籍的企劃人員處在滿辛苦的狀態，沒有太多時間可以介入前端的製作流程。除非整個企劃部是分工很細的team，有專人能先消化編輯的提案，跟著編輯的出版進度，適時的介入去操作。如果沒有這樣的人就很辛苦，得在後面一直追，成品出來你就追，看這本、那本該怎麼推……所以如何運作，要看不同組織的情況。

我在當企劃時，會在書比較成形的時候開始介入。書在做時，如果我想到某些想法：比如書腰、文案可以怎麼做，就會提早介入，參與最後定型、收尾的流程，但不一定每本都是如此。

到現在我還是認為，企劃應當扮演出版中樞的角色，負責調度的工作。他需要往前管理，以及往後管理。

往前管理是要掌握編輯端的出版狀況，適時的介入談一些，譬如：想像這本書應該是長什麼樣的、產品定位上哪些情況要不要先討論，或是文案該如何做，是不是能採用哪些內容等等。因為接下來，出現在網路上的宣傳，或者海報、文宣的文案，企劃這邊會怎麼下。

往後管理則是要讓發行部門的同事知道，企劃為這本書做了哪些安排，所以他們可能把書鋪去哪些點比較適當，或是哪些點搭配你的文宣會比較好；哪些是重點店量要大一點，哪些地點一般數量即可。我覺得企劃應該主動擔當這個工作。

不然，就編輯來看，書就是一本接一本往後做，就算有心也根本沒有時間細細掌握接下來如何宣傳，因為到那時候，他已經陷入下一本書的漩渦當中。而且，許多資訊和資源是由企劃部門掌握主導的，應當要更能主動調配，以當時公司整體出版品的輕重、主從協調處理，如果不能從行銷角度，控制好資源和對外合作模式，就很容易亂了套。比只從編輯的角度出發，我覺得這是更多想一步的做法。

問：後來怎麼會想由企劃轉任編輯？

答：當初是因為幾米需要一位專門協助他的編輯。由於我從二〇〇三年來公司之後，他所有書籍的marketing都是我做的，配合最久跟他最熟，所以總經理問我要不要當他的編輯，我就說，好啊，試看看。於是就這樣到編輯部來。

問：編輯部成員的分工是按書系劃分嗎，有沒有業績的壓力？年度計畫書單都是如何規劃，自製書與翻譯書間需要維持一定比例嗎？

答：我們編輯的分線不是依照表面上的書系劃分，也沒有每年什麼書系一定要出幾本書的規定或壓力。但編輯部一定有整體的業績壓力與要求，總編會想辦法協調各主編安排出版品來達到業績。

我們公司組織算是較為扁平的，沒有很多層級，每個人都要能夠獨立作業，所以我現在做副總編，所有的編務還是得自己來，自己選的書得自己做完。年度計畫書單的部分，我不會去區分翻譯書與自製書，分別需要做多少本；就是看規劃的主題裡，可以回應市場狀況、拿得出手的書，看看它們的進度到哪裡，適合的就拿來排進計畫書單。其實還滿偷懶的，應該是要把握幾條主題線，輪流鍛鍊它們，我希望以後可以做到這樣。

問：「台灣小旅行」這本書所屬系列catch，跟一般書系、書種分類不太一樣。請問大塊書系規劃的理念，以及您個人對書系的看法？

答：二十年前大塊剛成立的時候，就有四個系列mark、smile、touch跟catch。初期每個系列在書名頁前，都有一句關於系列的slogan。catch的slogan是「catch your eyes, catch your mind.」，最早的設定就是做年輕、活潑一點的圖文類書籍。smile涵蓋的範圍就比較廣，包括早期談New Age、心靈成長，或是勵志書等等，都會放到smile裡；它的slogan很簡單，「smile, please.」，就這樣子而已。touch的是：「對於變化，我們需要的不是觀察，而是接觸」，比較專注在做商管類的書籍；mark則是：「這個系列標記的是一些人、一些事件與活動」，偏向於傳記或歷史類的圖書，例如：歷史故事、人物故事，或者更廣一點的，各種談特殊風土人情的都包含其中。

大塊創立到第五年時，又增加兩個書系：from跟to。to是小說系列；from則做具前瞻視野概念的書籍，定位較為寬廣。它是以多元化知識的概念在詮釋這個書系，所以不論是在科學，還是在人文、社會及經濟等領域裡，只要是關於新的概念或知識發展的，都可以被放到這裡面。大塊初期幾個主要書系，雖然有各自的方向，但都是定義比較廣泛的系列概念，不是傳統的劃分方式。因此，你可以把某些不同領域的書，嘗試放進某個系列中，書自然會因為書系的概念，而顯現出不同的樣貌來。

當時，書系對我們來講，就是在現有的體系裡，怎麼透過書去詮釋它，或者讓書透過它，呈現出不同於一般印象的樣貌。當然，也是寄望讀者會因為喜歡這本或那本書，對它們所屬的系列產生好奇。那麼，當他看到一本不認識的新書時，會因為系列的關係而有親近感，想要理解它。書系在過去有這種作用，而且讀者也真的會受到書系吸引，而去蒐集某些系列的書。

但是到二〇〇〇年以後，書越出越多，每個出版社都做書系，書系也越來越多。書籍在媒體曝光時，讀者已經不會特別注意它是放在哪個系列裡，也沒有耐心去理解它們。我認為在目前的環境裡，系列的品牌效應正逐年遞減，作用越來越小。畢竟這是一個連音樂專輯都不買，大家只下載單曲的時代，對整體的概念、大的論述都覺得是負擔。

書系的意義，對我現在做編輯來講，變成比較像是飛機起降的跑道，或是一個錨，提供出版社跟編輯一個可以著手的方向，妥當地把某本書的定位抓牢一點、看得更清楚一點，將特色抓取出來，同時讓自己產品的呈現更加多元、豐富。不然，現在很多書都是跨領域的，編輯到底該如何去偏重它、呈現它呢？這是我個人對書系的意見，跟大塊官方的看法不一定完全一樣。

問：決定一本書放到哪個書系的標準為何？

答：一本書要放到哪個系列，除了內容在大方向上適合外，更重要的是，你希望它符合哪個系列的目標讀者，這關係到你如何定位這本書。再加上，書系是由一本一本的書累積起來的，它在製作、包裝及行銷上會形成一種風格。因此，做書的時候，編輯也會考慮如何使它呈現出那個系列的連貫性，符合一致的風格。

書放在不同的系列之中，編輯詮釋它的感覺就會不一樣，最後呈現出的印象也會不同。像touch跟from兩個系列，因為讀者不同，所以從如何劃分章節，到書的layout（編按：版型）、封面的長相，也跟著不一樣。但這兩個系列之中有一些書是相互重疊，彼此可以互換的，譬如《未來在等待的人才》[9]，或者《沃爾瑪效應》[10]這類的書，如果把它放在touch，就只會針對商管類的讀者，用商管類的語言去處理。但後來，我們將它們放進

9　丹尼爾．品克（Daniel H. Pink）著，二〇〇六年，大塊出版。
10　查爾斯．費希曼（Charles Fishman）著，二〇〇六年，大塊出版。

from，把書定位為從更廣泛的前瞻視野，來看現象的脈動，跟著就會考慮要用什麼樣的語言說法來呈現、導讀怎麼寫，推薦人該找誰，是不是要吸引更多cross over的讀者……等等，開始做一些微調。接著，依據系列的不同感覺，制訂出不一樣的企劃文案來宣傳。整體的感受，就會和商管類的書有所區隔。

但我必須強調，這兩個例子在五年前或許能成立，但現在出版市場效益遞減，從出版社到書店到讀者，對書的反應與接受度都變遲鈍，感覺比較無法像以往那樣分辨系列間的差異，這些操作可能就沒有用了。不過，宏觀一點來看，很可能是以往的模式正在快速轉換，因此，過去累積出來的武功心法，可能會在新時代不再管用。

問：您認為是什麼變化造成出版市場效益遞減，讓書系的品牌效應下滑？

答：我覺得是因為閱讀書籍的時間，被更多的訊息管道分割，資訊來源都被分散，書籍不再是大家取得資訊的主要媒介。這個閱讀的轉型，導致讀者、市場對書的關注度發生移轉。包括我自己，看書的時間也是被瓜分掉很多。很多訊息內容，從網路上一個接一個進來，大家變得不斷在網路上找資訊，希望迅速得到滿足。讀者只有在需要進一步了解資訊內容，或是需要沉澱時才看書。這其實就是造成出版業沉寂，整體書市衰退的因素之一。書系效應遞減，只是這個現象顯現出的結果。

書系大概是從一九八〇年代末，到九〇年代初開始盛行。那時剛解嚴不久，市場上有各種書籍出來。書系，是當初出版社為各類出版品，規劃、詮釋未來大方向的有效作法。一直到二十一世紀初，都還有很大的作用。像郝先生以前在商務規劃的OPEN系列，把沉寂已久的經典作品翻出來做，它們也因為OPEN系列全部翻身。還有，像他在時報做大師名作坊，跟近代思想圖書館，或是詹宏志做大眾心理學書系、商管書系，都非常成功，系列感非常明確。系列的影響力，在當時，是全面滲透到書店、媒體以及讀者心裡的。

不過現在因為閱讀轉型，大家不再只依賴書籍，或是舊有的資訊管道來獲得知識；過去可能需要透過鑽研系列才能了解的，現在可以經由更多其他的來源來補足。因此，大家對書籍的需求降低，少了耐心理解的時間，詮釋及接受度自然不如以往。當讀者對一本書的理解與掌握方法都發生轉變，你要怎麼期待他有串連兩本、三本書籍，甚至於一整個系列的意願？系列也就失去以前的滲透力與影響力了。這個現象自然會從讀者端，回過頭來影響到銷售端，然後媒體端，最後回到出版社這邊，所以現在也看到一些出版社不再特別強調系列，或是清楚地形塑書系的樣貌。

問：面對閱讀環境的轉變，在書系的操作上您有什麼看法？

答：以前出版會講品牌。出版社也許是品牌，但書系是不是呢？我一直都在思考這個問題。我不知道總編輯，或是老闆的想法，我自己的作法是，除非真的有很不一樣的創作類型，以往的容器容納不進去，不然我盡量不以成立新的書系來當作操作方式，而是讓既有的系列維持住新意。

主要是因為像前面說的，我覺得現在的讀者不在意書系，只在意是不是他喜歡的作者或主題。除非這個書系就叫做「東野圭吾作品集」，或像大塊的「幾米作品系列」。而且，對編輯來說，開一個新系列，就得花全部心力照顧這個書系。以我自己的個性，我可能沒有足夠的定性只關注在某一類書籍上。因此，我傾向讓原先已經很多元的不同系列，可以涵蓋更多書，讓新的作品可以重新詮釋那個書系，帶動書系其他書的銷售。像catch現在兩百多本書，它的面貌就是這樣擴充出來的。

大塊大部分的書系都是彈性比較大的，如果一本新書能符合系列原先的概念，又能帶給書系更多新的面貌跟活力的話，我認為就讓不同的書進來，沒關係。而且現在社會越來越多元，有越來越多跨領域的書，自然也模糊書系的界線，如果一直延續舊的框架，或是持續用狹窄定義的方式開新書系，那些舊的書跟書系可能就停了，放在那裡，更沒有與讀者碰面的機會。

問：分眾現象出現之後，企劃或編輯部門所負擔的業務有轉變嗎？您覺得未來出版者該如何因應，您自己的想像為何？

答：噢，企劃的業務變得非常非常多，因為要因應閱讀轉型，以及分眾所帶來的狀況。過去在大眾媒體的時代，你可能不清楚大眾或讀者的面目，但只要專挑某個端點主打、宣傳，跟著其他的媒體、通路的銷售就會有連帶反應；即使在部落格開始興盛時，行銷宣傳都還能形成一定程度的大眾效應。

例如我們有本傳奇之書：《羊肉爐不是故意的》[11]，雖然他原先文章在網路上已經很紅，但印製成書之後，它的銷量完全是靠媒體打出來的。當初我著重於媒體面的宣傳，將訊息發給電子媒體，開了一個記者會，現場就有十幾家媒體記者來採訪。記者會完，接著六、七點，我們馬上跑去東風衛視上侯佩岑主持的《娛樂＠亞洲》，隔幾天再去上中天綜合臺的《康熙來了》……靠著主打媒體，其他就會跟著動，一個月就再刷到近五萬本。但現在不行。媒體上推不動，怎麼辦？改推通路。有的書就這樣，跑遍全臺灣所有的書店做活動，也才推動一點點，能破萬冊算是銷售良好的了。

我認為是在臉書流行之後，所有的傳播管道、部落格都被各種社群媒體、網路媒體取代，再加上個人隨身的設備就可以創造影音內容，是產生分眾現象的主要原因。部落格時期，

11 LogyDog著；Bomb繪圖，二〇〇四年，大塊出版。

各種媒體已經開始分化，但因為部落格上的內容，大家都能夠經由搜尋檢索找到，因此還是可以抓到一些人，或是追蹤媒體效應。變成臉書這類的媒體之後，幾乎就抓不到這些人了。雖然在社群網路上互動，可以直接接觸到讀者；但實際上，能掌握的資訊還是非常有限。能看到的，只是使用者和我們接觸到的部分，對於他們其他更多的特性我們都不了解，根本無法從中描繪、側寫出他們的樣貌。比較全面的資料只有網路平臺、社群網站平臺才有，但因為各種個資管理法規必要的規範，以及商業機密等等的考量，平臺根本不可能隨意提供出來。

面對現在的狀況，書其實需要做更多的行銷活動，因此變成全部的管道都要打。儘管如此，結果可能還是沒有反應在銷量上。單純的簽書會，或是做給媒體的發表會、記者會，現在根本沒有效果。連找人寫書評，名人、部落客、網紅出來介紹，都很難知道有沒有實際的作用。我覺得已經不太可能再去期待，書籍銷售可以在媒體效應下有爆發式的成長。

不過，現在的讀者跟過去相比，雖然不一定會買書，但都很願意參加活動，對知識的渴求好像更高，也更願意表現自己，所以就必須辦更多活動去跟讀者接觸，如果你連活動都不做，就沒了。因此，現在的活動都得變成是與讀者的互動，而不是做給媒體的。

因此，我覺得出版社應當要在不同的分眾裡，建立一種讓出版社、通路跟讀者之間，可以循環互動的機制，來培養穩定看書的人。不求更多，而是穩定互動，不斷深化、培養出來的讀者群，也許其中有人會進來有人會走，但有辦法維持在某個平衡，這是未來出版經營可能的方式。

但到底要如何建立，我想大家都還在嘗試。如果要談破壞性的創新，可能得另闢專題大家一起來討論，而我現在大概也沒辦法處理這議題。我僅以目前的結構來想像，這個機制應該要能包含這三者相互影響的部分。首先要能帶動書籍在銷售上的成效，才能幫助出版社的經營，讓出版社可以持續出書，跟讀者互動。再來是出版社能從中獲得讀者的回饋，知道書要怎麼呈現，他們才比較容易消化、了解，或是哪些點是臺灣讀者比較有興趣的，透過這些來形成之後做書的判斷考量。像這些，讀者不會直接歸納給你，只有經由互動、討論才會知道。如此，才能更進一步培養讀者，想辦法深化他們閱讀的廣度和深度，未來能夠讀更多的東西。當你真的看得到讀者的反應，碰觸得到他們，並且持續認識、交換意見，我覺得，書籍閱讀市場良性的永續循環才有可能。

我等待

專訪米奇巴克出版藝術總監　何香儒

出版入行年資　共十五年

現職　米奇巴克出版藝術總監

採訪、整理、撰文／虹風　攝影／許閔皓

《我等待》

大衛・卡利（Davide Cali）著

沙基・布勒奇（Serge Bloch）繪

米奇巴克出版

十年銷售冊數　一百零三本

前言

作為小小十年暢銷榜唯一一本上榜的童書，我對於《我等待》的情感非比尋常。還記得當年看到這本「小書」時，它的特殊開本立刻吸引我，一翻開這本像是長長的橫式信封的書，一條紅色的毛線，串連起不同人的人生，生老病死喜怒哀樂，一條簡簡單單的紅線道盡人生那些複雜的、難以一語言盡的情感[1]。《我等待》，一句讓人從內心升起希望的一個詞，只有翻開紙頁的那一刻，你才會發現，原來人們的等待如此繽紛、這麼多的不同，又是如何令人驚嘆的相似，情感無法遏止地在紙頁間流瀉。

每一次翻開這本書，沒有一次不掉淚。

沒有想到的是，當香儒在我面前，再度翻開這本書的時候，我還是紅了眼眶。距離上次看這本書的時間，想來也已經至少過了五、六年，它的「後勁」，一如往常地強烈。

米奇巴克，英文是Magic Box，是一間規模很小的出版社，成立十五年來，也累積了許多重要的出版品，算是童書出版裡風格相當鮮明的小出版社。因為小小剛成立之始，米奇

1 編按：參閱本書，頁〇一〇—〇一一。

巴克便是我們很重要的合作夥伴，因此，他們的出版品，每一本小小自然慎重以對。《我等待》能夠在小小創下佳績，乃是因為，從這本書的初版開始，我們便以它為核心，再挑選幾本合適的禮物書，在每年的耶誕節舉辦禮物書展。

這個書展的特別之處在於，我們會將讀者寄來的E-mail，重新謄抄在明信片上，連同書一起寄給讀者想要致贈的對象。連續辦了很多年，每一年的書單都會有所變化，但唯一不變的，就是《我等待》一定都在書單上——在我們看來，在這樣的祝福時節，一年的最終與最初的時刻，沒有比這本書更合適的禮物書了。

在訪談中，香儒提到，他們為這本書做的行銷很少，這些年，它幾乎就是以它自己的生命力，一刷、二刷，每年一刷，到現在七刷的驚人毅力，如同那條絲線般，牽起這七年來逼近上萬個中文讀者的生命與情感。而我相信，它還會繼續影響未來的讀者，因為它確實是一本超越年齡與國界的圖畫書。

這，到底是如何辦到？

在這本書的極簡風格背後，我們將會看到，一本能夠成為經典的圖畫書，它需要多少年的努力，需要多少人的付出與堅持。一本暢銷書的出現或許是機緣所致，但我相信，沒有任何一本經典是偶然誕生的，從《我等待》的例子，我想，我獲得了最好的印證。

訪談

問：您是怎麼接觸到大衛・卡利的作品的？

答：我是大概二〇〇五年底去巴黎時，自己一個人去逛書店，在圖畫書櫃就被這本書給吸引，立刻從架子上拿下來。那時候我一個法文字都看不懂，可是光是看那個圖，就感動不已，立刻把它買下。那一次的旅行我是住在朋友家，帶回去之後，我就立刻請朋友唸故事給我聽。她開始唸，我就覺得好感動，朋友也是，她唸到一個段落的時候就開始哭。她是留學生，她看到電話線這一頁的時候，突然就覺得很有感觸。當你一直在說「我等待」，你就是一直不斷地去很遠的地方，去追求自己想要的東西。其實你都忘了，當你在等待前方某些東西的時候，其實在很遠的地方，也一直有人在等待你。我覺得這本書它很動人的是，你每一次看，都會被不同的點感動到，每個人會被觸動的部分也很不一樣。

問：所以，其實您是在書店偶遇這本書的，除了色彩、故事，還有什麼觸動了您，讓您進而買下版權？

答：一開始我並不是被大衛・卡利吸引，我是被沙基・布勒奇這個插畫家的圖像所吸引，它的敘事性非常強。大衛・卡利自己也說，因為他跟沙基・布勒奇合作了這本書，成為他人生很重要的轉捩點。就是這本書，全世界賣了將近四十個國家的版權，他也因此成為國際知名的繪本作家。

我要聊一聊沙基．布勒奇的背景。他現在大概六十歲左右，是法國一個很大的出版集團巴亞出版（Bayard Presse）的藝術總監。他擔任藝術總監的時間可能超過三十年。因為他自己本身也是插畫家，又是集團的藝術總監，所以，我認為他的圖像功力跟敘事性，就是在這個長時間裡累積出來的。其實在《我等待》之前，他的畫風不是這樣的。他是在《我等待》做了這個嘗試之後，成為一個很鮮明的標示，因而讓他開始繼續往這個方向發展。

沙基．布勒奇有說，在這本書之後，他在畫風上做了一個很大的轉變：結合實體設計跟手繪。他有一個很龐大的影像資料庫，平常沒事他就會搜集非常多的材料，會去拍一些毛線吶，這些線，這些汽球啊；有時候也會拍他家的小朋友。他平常會收藏小東西、拍照，就變成他的影像檔。美國《紐約時報》那邊，或者美國一大堆的插畫邀約來的時候，他那些影像資料庫就發揮很大的作用。

問：這本書跟我們印象中的童書有點不太一樣，當初出版的時候，如何定位？

答：米奇巴克在選書的時候，很重視所謂「全世界共通的情感」那樣的東西。因為我覺得圖畫書、圖像語言是沒有國界的，在選書的時候，想要選一種是不退流行、不管什麼時候都永遠不會過時的書，也就是每個人共通的生命經驗。所以，我覺得《我等待》能夠引起共鳴，是因為每個人的生命，就是這樣子，只是用不同的形式去表達。

那年我就把它買回來，一回臺灣，就唸故事給同事三個人聽，每個人都好喜歡。那時，我們就鎖定，預計在二〇〇六年底聖誕節的時候出版。我們本來就有一個書系叫「心靈繪本館」，是做禮物書的概念，幾乎都是在十二月的時候推出。我們選的禮物書要藝術性很強，所以也算是大人繪本，強調的是人類共通的情感，不管是愛啊，然後或者是親情、友情。像《敵人》，它是在講人性，或像《鳥有翅膀，孩子有書》，藝術性很強。所以《我等待》一開始，便設定好什麼時候要出版、定位為何，也做書腰，有禮物書的感覺。

問：臺灣的版型跟法文版一模一樣，有什麼特別的堅持嗎？

答：我覺得這本書有三個很重要的設計，一個就是它的極簡風格，再來是色彩：它的白、它的紅，以及它的黑線條；最後，就是這個窄長版型的空間，是一個非常重要的設計，如果沒有這個空間，這本書不會這麼動人，要有足夠的空間要容納那個線條。

這個版型可以讓你在翻閱的時候，速度自然而然變慢，而且當你從左邊到右邊，這樣來回來回翻動，不管是在看文字或者圖像的時候，這個空間就變得很重要。我們會認為，如果這是一個很重要的設計，我們就絕對不可能變更它。

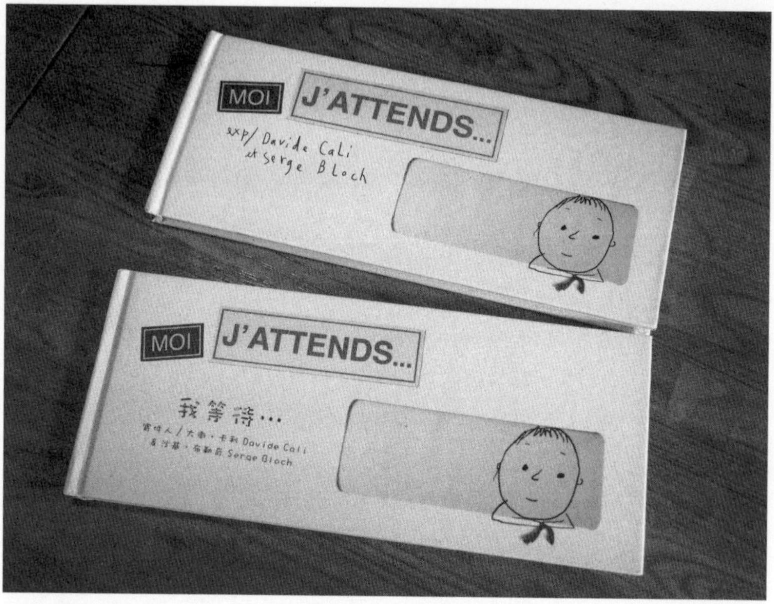

問：後來您們還出了大衛・卡利許多本書，您們選擇、選書的標準是什麼？

答：其實以我們當編輯的，會很習慣，當你喜歡這個作家的東西的時候，就勢必會繼續出他的東西。我們長期觀察大衛・卡利的文本，我發現他的文本在不同的出版社底下，處理得截然不同。他不是那種會把稿子很完整寫出來的人，通常有時候有一個idea，就會去跟出版社提案。他曾經說過，他一開始是漫畫家，自寫自畫，後來他覺得他自己的畫沒有什麼特色，如果自寫自畫的話會有限制，就放棄漫畫家的身分，專心寫童書。他就提著一卡皮箱，裡面裝了一、兩百個故事，那個故事有可能一張紙寫滿，也可能是三行故事。

他把這些idea拿去去義大利波隆那畫展，一家一家拜訪出版社去兜售他的idea。可能你會發現說，不同的出版社會愛上不同的故事、不同風格，不同走向的。大衛．卡利到目前至少寫了七十本書，他在義大利、法國，跟英國都有出版品，一些義大利出版社選的都是非常童書調性的：活潑、俏皮，或者生活教育，或者比較是品格教育類的東西，但我們喜歡他在法國Sarbacane出版社的作品，他們專門經營偏向生命、情感類的書，像是《敵人》、《我等待》，還有《我喜歡親你》、《大鯨魚瑪莉蓮》，我們真的認為這是Sarbacane出版社編輯的功力。

Sarbacane在成立出版社之前，本身就是一個非常強的編輯團隊，等於是用接case的方式。譬如，某些出版社如果他們想要有一個team來幫他們企劃書，他們就是那一個team。那他可能做出版團隊很多年以後，就決定要自己成立出版社。所以當他一成立的時候就很厲害，一年之內出十本書吧，但是這十本書，國際版權、大獎幾乎都是他們家拿走了，超強的。

問：臺灣的童書創作者跟出版社編輯的關係，跟歐美有什麼不同？

答：我覺得歐美的創作人都是非常自由的。他不會說我跟你合作就非得一直如此不可。他們其實喜歡嘗試跟各個不同出版社合作，因為會出現不同的面貌。其實當你的稿子出來的時候，可能面貌還是有點模糊，你還是會有點期待說，我跟不同出版社可能就會產生不一樣的樣子。

像法國，作家跟畫家經常是分開作業的，由編輯把他們媒合在一起。編輯很重要是因為，他的角色在於，就像《我等待》這樣的稿子，我會交給哪一個插畫家等於就決定他日後的命運。不然的話，比如說我跟這個插畫家合作得很愉快，下一本就可以帶到別的出版社去做，但編輯的重要性在於，創作者跟這個出版社等於是奠立了一個革命情感。

臺灣的童書作家倘若都往某一個出版集團去，比較可能是行銷或市場考量。因為出版集團的行銷力特別強。要是我的朋友需要出書，我也會跟他說，請你去比較大的出版集團，因為如果你的東西是好的，他一定會立刻讓你打響名聲，這個對創作人來說是重要的。但這樣的狀況也表示，我覺得臺灣的讀者不太相信自己的品味，他們寧願相信媒體宣傳。

我在高雄書展的時候就聽到一個媽媽跟我講，她從來不買沒有聽過的書。我說：那你要如何聽過呢？她就說，像那個博客來的暢銷排行榜那些啊，對她而言那就是一個指標。

所以我一直覺得說，我希望讀者可以去養成自己的品味，而不是聽別人講了什麼。我覺得童書有一個盲點就是在，其實有很多大人買了童書，他自己是沒有在看的，他是買回家給他的小孩看。可是當大人他自己不讀，當然也沒有辦法自己挑。

問：書出了之後，如何得知讀者的回響？

答：我們得到的回響通常都是在活動的時候。有一次的場子是三歲到七歲，我也是講《我等待》這一本，因為我很好奇，他們到底看到了什麼。那次大概有十二個小孩，我就坐在地板上跟他們這樣一頁一頁翻開，就開始唸故事。結果那些小朋友很有趣，他們自己就開始七嘴八舌，自己在那邊解讀。譬如說，他們看到這裡有蛋糕：「啊過生日」、「聖誕節」，他們很有感覺。看到什麼斷掉的時候，他們會自己再添加上去他們看到的東西。又譬如說這邊：「結婚了耶」；看到線條很亂的部分，就說「他們吵架」。你這樣在聽他們說的時候，就覺得這個圖像的敘事性對小朋友來講，他們都完全懂。

這本書畫風的極簡，等於把情感濃縮在這個圖像裡面，所以它不會有失焦的東西，才能讓年紀很小的小孩都看得懂。像這邊就說：「噢，吵架了」；像這邊，「蛤，他們念大學了都出門了，家裏沒有人」。他們會補充故事，而且那群小孩最大的才七歲。看到這邊的時候就知道他生病了，因為很瘦。看到這邊的時候就說快死了。

有一個媽媽曾經跟我講，他們家的小孩三歲，每天睡覺前都要她唸《我等待》，而且要唸三遍。他很喜歡，因為他覺得短短的像詩一樣，唸起來又很有感情。

問：《我等待》算是您們創業滿早期的作品，米奇巴克二〇〇二年成立之後，代表作應該是兒童哲學系列的書，怎麼會想要開出版社，出這類的書？

答：米奇巴克是我姐姐香慧跟我一起創立的，香慧曾經在一家童書出版社做編輯，米奇巴克的成立，跟她那時候接觸到的兩本書有很重要的關係。有一年，她也是去法國玩，那時候也完全不懂法文，就帶了一些童書回來，其中有兩本，她那時候看到就覺得好可愛噢怎麼那麼可愛。一本是封面上有個紅髮小女孩挺著大肚子，一臉開心滿足的樣子，另一本是拿著雨傘在擋子彈，這是怎樣？但文字真的完全看不懂，連它到底是在講故事還是在教訓還在幹嘛不知道，反正就先買了再說嘛。

買回來之後，我們就請懂法文的朋友說故事。結果她就說了《薩琪想要一個小寶寶》的故事，我們就啊好棒噢太棒了就很想出，就這樣，米奇巴克最長銷的「薩琪系列」誕生了；然後另外一本是《和平萬歲》，朋友說，這本書是用故事的方式在講哲學。香慧聽到就眼睛一亮，哇，怎麼法國的小朋友七歲就可以讀這麼好看、這麼有意思的東西。因為我們一直覺得臺灣很直線思考，問跟答，那個答案一定是一個很明確的答案，但我覺得哲學其實很有趣，很多的思考空間。所以那時候香慧一開始看到這本，就很想要出，就立刻跟她的出版社提了。

那時候的出版社說：「兒童書跟哲學，你找死啊」；又說：「這麼小本，誰理你啊」。他們完全不管故事好不好看，因為他們都是很資深的編輯了。資深編輯有好有壞，那個好是在於，他認為他很了解市場，可是壞就在於說，沒辦法發現新的東西，因為他覺得「新的」代表死路一條吧。

所以，香慧有一天就跟我講——我們是姐妹嘛——誒，我們來做出版社好不好？我想了幾天，我們大概一個月之內就決定好要來做。後來我們家老三香滿也加入，她是美術設計，我跟香慧則是選書跟編輯。因為其實我那時候開始對圖畫書有興趣，也去永和社大上陳璐茜老師的繪本課。

我是美術科畢業的，但畢業之後，做的工作都跟美術沒關係，幾乎手都廢了。後來去上課，也是強迫自己可以畫一些東西，開始動手畫畫。一開始成立出版社的目的，也是因為自己喜歡寫寫畫畫，也覺得兒童書是很有趣的東西。我一開始是抱著邊做邊學的想法，因為我是想要成為創作者的，但創作的話要專心，我一直專心在做編輯，就很難專心畫畫。

問：最早就確立您們現在做的幾個書系、方向了嗎？像兒童哲學這一塊在臺灣很少人在做，比較有名的是楊茂秀老師的毛毛蟲兒童基金會。

答：兒童哲學是一開始就想做。不過，關於這書系，我要解釋一下。應該是說，一開始看到在法國給小孩子看的哲學書，我們就很自然而然的以為它是「兒童哲學」。可是這麼多年以後，我們完全修正了，它不是「兒童哲學」，它就是哲學。我們也曾經問過「哲學種子系列」的作者，布莉姬．拉貝（Brigitte Labbe），也問過，奧斯卡．柏尼菲（Oscar Brenifier），這兩個法國的作家，他們都說：「沒有兒童哲學，就是哲學，只是我們的對象是小孩。」

對法國人來講，從出生、從開始可以跟你對話，他們就已經跟哲學在一起了。對法國人而言，他們很重視自由，我覺得他們有一句話很有趣，「恐懼是最大的自由」。對他們而言，會害怕是他們最不喜歡的一件事，所以他們會覺得說，當我有想法的時候我就應該要說出來，我不能害怕說出來，我不能害怕別人不喜歡我或怎樣，他們覺得當你一輩子都要害怕，你一輩子都不自由，一輩子都被一種莫名其妙的東西綁住。所以我覺得，哲學對他們而言，就是生活中的一部分。我們後來就完全拿掉了所謂兒童哲學的這個東西，修正為「哲學．思考．遊戲」這樣的一個書系。

曾經有讀者跟我們說，這套書本來是買給他們家的小孩看的，後來他自己就看得超級津津有味。他說，如果他小時候曾經有這樣的一套書，那就太好了。因為他小時候就是一個想很多的小孩，常常被人家講說他想太多。他覺得，如果小時候就曾經看過這樣子的一套書的話，他好像可以變得更勇敢。今年（編按：二〇一六年）我們有邀請柏尼菲來臺灣講座，他就在一個針對家長的講座裡面，開玩笑說：「其實這套書完全是寫給家長的，但我不能說我是寫給家長的，因為這樣我就完全一本都賣不出去了，所以我就只好騙別人說，我是寫給小孩的。」他在開玩笑，可是事實上，確實如此，你知道。

這套書在法國也是大人的教學工具書，它是家長的一個教養工具書，也是老師的教學工具書。因為你給孩子看很ok，可是給大人看更適合，因為它的問題很開放，當你每天面對不一樣的生活經驗的時候，你會反射出不一樣的思考。

有一個家長跟我講了一個很貼切的形容，他們家的小孩年紀差很大，一個是大三，一個是小三，他說：「這套書，超耐用」，他用耐用來講。他說，有一次聽到他們家兩個小三跟大三的小孩在對話，在討論這本書，他突然覺得好好玩。他就覺得買這套書很值得，他認為說，在孩子的成長過程中，它真的可以陪伴他們，然後去透過這些問題去思索、去面對、去解決自己日常生活中常常遇到的一些事情。

那麼，接下來的書系，像禮物書《我等待》是創業三、四年的作品，也算很早。後續像是「繪本小宇宙」，是最新的書系。以臺灣的童書出版社來講，大概是針對三歲到十二歲為主，但米奇巴克的年齡層一直都偏高，像「薩琪」就是從六、七歲開始，我們五歲前的書很少，我們大概是這三年才開始往下，也因為逐漸對市場有一些了解，就覺得年齡層要往下調整是一定要的。所以，我們家的暢銷書通通是在我們決定往下之後創造出來的，譬如說像《不會寫字的獅子》，它是我們家最乖的，哈哈，最乖的小孩，它養我們其他的小朋友，有二十幾刷了。

這除了跟新世代的父母比較重視這一方面的教育之外，跟我們自己編輯個人的生活經驗也有關係。因為以前我跟香慧，都是沒有小孩的人，對小孩並不認識，可是後來香慧有了小孩之後，開始跟小孩接觸，慢慢的對幼兒這個東西稍微才有理解。

問：哲學這系列書當初推廣的時候，也算是教育圖書的一種，有向學校、圖書館推薦嗎？

答：我們會努力的把DM寄到圖書館，不過，多半都是靠得獎。而且你知道更有趣的是，像臺北市立圖書館的「好書大家讀」，當初主題分類沒有哲學類，一開始我們送審的時候，完全不知道該歸哪一類，也因此，選書委員那一期如果對哲學沒有興趣，那我們那一期就死定了，就一本都沒有。因為專家學者對這個沒有興趣，不是他的領域，連看都不會看。所以，後來也是因為我們陸陸續續辦了一些作家的活動，米奇巴克的童書，只要是對童書有興趣的人之間，應該大概都知道，等於是靠口碑，然後靠得獎。我們第一年成立的時候，就出了五本哲學書，很猛。結果我們那一年啊，所有童書的像「開卷好書獎」、「讀書人」、「好書大家讀」全部上榜，也因為第一年剛成立，就得了一大堆獎，所以大家就記得米奇巴克出版社。這對我們而言很重要，讓我們一開始就有名聲。

在銷量上也會有一些幫助。一開始可能是因為兒童書裡面出現哲學這一塊，讓大家覺得有點驚訝、很驚喜。誠品書店那時確實幫了很大的忙。因為這本書超小，結果他把它放在結帳櫃檯，超好的位子。每個人結帳的時候，無聊就翻一翻，好像覺得「嗯，有點有趣」，結果那一年竟然還可以進暢銷榜，神奇。那是二〇〇二年，神奇的年代。

問：米奇巴克創社一開始對您們幫助比較大的是實體書店，像是誠品；這幾年在實體書與網書上的數字，有變化嗎？

答：有，超大。我覺得應該是說，後來我們也是很積極在跟博客來書店合作，對我們來說是很重要的曝光通路，所以我們就是在新書的部分，努力做新書網頁啊、每年都會盡量會去跟他們開一個新書會報，下一個年度會有怎樣的新書計畫。這樣他才知道下年度有什麼可以配合的活動。

就銷售量的話，網書是每年都成長，我們家幾乎可是說每年都往上。實體書店的話就很平均，也沒有特別往下。因為誠品它現在在架上留的書已經非常非常少了。一座書架上面塞了二十個出版社的東西，一家出版社可能頂多放個五本書。你以大型童書出版社來說，一年出版量一百五十本，那可是它在書架上的書，搞不好還不到二十本，那很可怕。

網書的成長是一定的，它是資料庫，只要有資料，你就可以買到書。可是書店你又要等，又要親自走到那邊去，所以書店的限制真的很大。在實體書店的話，我們出版量少，在新書平檯上就不可能有什麼優勢；那麼在實體書店的活動，我們活動力也有點弱。所以我們目前就是希望透過網路上，在臉書或部落格或電子報的經營，讓別人來多認識、多了解米奇巴克。

問：那您有印象，網書變成更重要的合作夥伴大概是從哪一年開始嗎？

答：有。二〇〇八年，剛好就是《大鯨魚瑪莉蓮》出版那一年。那時候在誠品書店也有入暢銷榜，但是它的銷售數量就還好，中上。結果，那時候博客來網路書店推了一個所謂的《親子共享報》，就發了非常多的會員。當時，他們希望說，出版社盡量請媽媽跟小孩共讀，把共讀的分享就寫成文章，配上圖片。那時候有一個媽媽跟小孩就共讀了，然後就寫了一篇文章，我們就把那篇文章提給《親子共享報》。結果博客來的採購，一看到那篇文章，就說，「哇太棒了，輕鬆生活化，而且其實又有教養意義」。結果那篇文章一放上去之後，這本書，在那時候竟然是童書暢銷榜第一名，你知道要上第一名簡直是超級困難。以前米奇巴克的銷售在網書都算是很邊邊的，沒有人會理我們的出版社，結果因為那一篇文章，這樣子一本書，我記得短短三個月賣了八千本。

真的很誇張，只因為一篇文章噢，而且是在很短的時間內。讓我們都看到網路媒體文章的力量。不過，短期就衝這麼高的量，後來就沒有了，曇花一現。

問：本土作者的部分，未來有打算要經營嗎？

答：有啊，其實我們一開始就有在想。或者，坦白講，我一直覺得我們還在練功夫，編輯得再加強。以我自己個人的反省，我覺得我是有點眼高手低，我都看很棒的東西，結果當你在做的時候，自己就會覺得能力一直不夠。

我們其實這幾年來，也跟很多的畫家、作家也會聊天，因為我想要去挖出某一個人潛在的風格，未來可以合作的走向，現在都還在交朋友的階段。我想，米奇巴克接下來，後面十年，唯一的野心，是可以跟國內的創作者合作，可以把臺灣的版權推向國際的版權，因為我們覺得臺灣的好的插畫家不少，但好的文本很少，我們覺得圖畫書作家很少。可是我如果這樣講的話，一定有很多人覺得不是這樣子。

因為我會覺得，編輯很重要。

作家可以寫一千個故事，但是編輯如何把這一千個故事處理到我們覺得很好？有很多的故事好像都很ok啊，可

是你不能只是ok而已，你如果只是ok的話，市場一大堆ok的東西，所以，你要比ok的東西還要好很多才行。

問：童書市場這幾年在出版社的消長上有沒有什麼變化？

答：我覺得有一個很大的變化是，大型出版集團像是城邦、讀書共和國開始投入童書出版。大概這三年，自從一大堆的出版情報都告訴你說，全部的書種都萎縮，只有童書一直不斷在成長，當你這個消息放出去之後，所有的大人出版社都說，既然如此那我們當然就是要往那個方向走，所以就生出了一大堆，可怕的是在於說，那個量會嚇死人。一年，據我觀察，有四家做教科書的出版社，就直接做兒童書出版，就是做圖畫書。一年預計圖畫書是一百本到一百二十本，像韋伯、五南等等；或是像綜合性的出版社，譬如說像采實，也跳下來做童書。

問：十多年您投入童書的時候，可以說是懵懂的，那時候我聽說出版業很不景氣，算是在冰河期，但您們還是決定投入，那麼，十幾年前的冰河期跟現在的寒冬，您有感受嗎？還是因為您們都是因為在成長，所以比較沒有這種感受？

答：對。因為我們一直維持一個小小的經營，出版量在我們能夠掌控的範圍裡面，所以米奇巴克是逐年一直在成長的。但我們知道整體書市消退的很嚴重，光是去年（編按：二〇一五年）的國際書展，同業就說，平均衰退三到五成，非常恐怖。可是我們去年還是有成長啊，那是因為我們去年有邀法國作家來臺灣、我們很努力做了很多的活動，當然就沒有受到影響。

或是現在，就像我們已經知道有那麼多大的集團、出版社壓過來，我們知道這些危機都是存在的，可是我們能夠做什麼呢？我們當然只能把書做好，繼續讓我們的讀者，就是有好東西可以繼續看。

問：下一個十年，您自己想要精進的部分，或是期望未來，要做些什麼？

答：期望未來，大概，怎麼講，要開始跟國內的創作者合作，這部分是一定要去做的一件事。還有其實我覺得就是提醒自己，譬如說我們一開始，早期因為對市場不懂，所以很勇敢，那時候的勇敢是選出了很多很棒的好東西，雖然說讓我們很痛苦，譬如說艾立克．巴圖（Eric Battut），他建立了我們的一些口碑，但也是讓我們賣得很辛苦的書，但我們真的不後悔。那是在早期一股傻勁的情況下做出來的選擇。當現在我們對市場稍微有點了解的時候，我就會發現那個勇氣會被慢慢的消磨。我覺得，那個勇氣被消磨的時候，其實對米奇巴克也是一個警訊。我要提醒自己，如果，米奇巴克是Magic Box，我們既然希望他是個神奇盒子，那就要有新東西，即使你知道在市場上有一些辛苦，我希望永遠有一些suprise。

地球使用者的樸門設計手冊

專訪大地旅人環境教育工作室創辦人　江慧儀

出版入行年資　共七年

現職　大地旅人環境教育工作室創辦人
　　　台灣樸門設計永續學會常務理事

採訪、整理、撰文／李偉麟　攝影／李偉麟

《地球使用者的樸門設計手冊》
Rosemary Morrow 著
大地旅人環境教育工作室出版
十年銷售冊數　九十八本

前言

一包包的書，疊起來有一個人那麼高、寬度和深度大概有一個人手臂張開的距離，就像是在物流倉庫裡被堆高機移動著的那些巨大方塊。只不過，我們所在的空間不是倉庫，而是大地旅人的辦公室，這些方塊是大地旅人的獨立出版品，其中有一些是《地球使用者的樸門設計手冊》。

書的庫存，對於獨立出版者來說，一向是個大問題；除了找地方放書，大地旅人在獨立出版的旅途中，還遇到了哪些問題？又是如何解決的呢？透過這次訪談，我們希望記錄下他們的經驗，讓也想要走獨立出版之路的人們，事先掌握可能會遇到的路況。

大地旅人出版的《地球使用者的樸門設計手冊》與另一本《探索樸門：超越永續的原則與道路》，小小書房把它們放在書架上方的天空區，在群書中很容易一眼就被看見。來小小買這兩本書的人，大部分是樸門的學員，或是對樸門感興趣的人，而透過網路來購買的人也很多。虹風說，由於《地球使用者的樸門設計手冊》的內容不但有觀念、也有教你怎麼做，是可操作性強的工具書，所以銷售的速度會比較快。

打開這本書隨意翻閱，手繪圖的數量非常多，幾乎是一本「圖文書」了；雖然樸門對我來說是個新觀念，但手工感的溫暖與帶點童趣的畫風，再加上版面的編排以簡潔的方式呈現豐富的元素，細看就可以感覺得出做書的人很用心，很快地便吸引我產生讀下去的興趣。八百五十元的定價，其實並不貴。沒想到，這些讓我大為讚賞的手繪圖與圖裡眾多的中文字，卻讓大地旅人上了寶貴的一課。

然而，有些課題有解，有些課題卻一時無解。這本書第十頁談到樸門永續設計的態度原則裡有一條，「珍視人以及他們的技術與工作」。書出版之後，遇到了網路盜版的問題，江慧儀是這樣描述的：

「有一次我們看到一個網站說，加入會員就可以下載這本書，我們就很客氣地寫信跟對方講，你不能這樣，因為你們沒有取得作者和我們的同意。沒想到對方回信說，你們這樣子是阻礙人類的發展，只想到要賣書賺錢。看了當然很生氣，不過我只回信向他聲明，這是作者的心血，如果你先告知我們，而作者也願意這麼做，那當然沒有問題，可是作者並不願意呀，你要尊重他。最後我只有語重心長地對他說：你都不懂得尊重人，還談什麼人類發展呢？」

聽江慧儀談樸門和環境教育，雖然大地旅人在推廣理念的路上多多少少都遇過難題，但是她在受訪時的敘述與表情，給我一種「舉重若輕」的感覺，並且還不時爆出爽朗的大笑聲。她說，出版了《地球使用者的樸門設計手冊》這本書之後，覺得做下一本書遇到的挑戰變得好像「沒什麼」，因為「自己是很容易會忘記困難的人」。這個場景深深地印在我的腦海中，因為，環境教育者從來都是尊重環境給予的限制，順勢發展策略，比較不會被環境所限制。

這次入選的十本書裡面，包括本書一共有三本是跟環境與土地議題有關，而且三本都是由推動議題的組織獨立出版。很幸運地，我以見習者的身分，參與了另外兩本書的採訪，出版《一根稻草的革命》的綠色陣線協會吳東傑先生，給我「堅守社會運動性格」的印象，而出版《無Ⅲ 實踐篇 自然農法》的有限責任台灣綠活設計勞動合作社陳芳瑜小姐，在我腦海中留下「無為即是大為」的氣質，以及她用《金剛經》為我們闡釋自然農法的生動場景。《地球使用者的樸門設計手冊》第一百五十五頁，就有提到福岡正信的自然農法，而《一根稻草的革命》與《無Ⅲ 實踐篇 自然農法》這兩本書，作者都是福岡正信。這三本書，在此巧妙地有了連結。

我覺得很有意思，這三位因為推廣理念而成為「出版人」的受訪者，性格上的氣質，都與他們所出版的書的主張與內涵，有著許多的重疊與滲透，而他們所信守的價值觀，也會反映在他們決定怎麼做書、怎麼賣書的方式上，所走的出版路，與主流的專業出版社，有著許多不同的想法與作法。在「出版」的大花園裡，他們所開出的花，有著獨一無二的香氣，只要聞過一次，就很難忘記。

訪談

問：這本書是大地旅人出版的第幾本書？「出版」是您們推廣的計畫的一環嗎？

答：到目前為止我們出過三本書，這是第二本。

第一本《向大自然學設計：樸門Permaculture啟發綠生活的無限可能》，是出版社邀請我和我先生孟磊（Peter Morehead），以我們自己在生活中實踐的經驗去介紹樸門永續設計（以下簡稱樸門），算是樸門比較在地的故事與詮釋。

《地球使用者的樸門設計手冊》是第二本，第三本是《探索樸門：超越永續的原則與道路》[1]，都是大地旅人獨立出版。

平時我們就會追蹤與樸門相關的書。在臺灣推廣樸門的初期，大地旅人組了一個讀書會，一邊讀，一邊翻譯成中文。後來覺得應該把這些中文翻譯的成果，用書籍出版的概念，整理成比較正式的中文版。畢竟，樸門源自澳洲，是一個很西方的概念，但是它又強調因地

1 《向大自然學設計：樸門Permaculture啟發綠生活的無限可能》，由新自然主義於二〇一一年出版；《地球使用者的樸門設計手冊》與《探索樸門：超越永續的原則與道路》，則皆是由大地旅人分別於二〇一二年、二〇一四年出版。

制宜，所以我們心中一直存有這樣的念頭：把樸門用比較正式的方式中文化是必要的。

問：國際上有關樸門的書很多，為什麼挑這本書來翻譯出版呢？

答：我們長期有辦一個為期十四天的國際標準的認證課程，如果上完課的夥伴要開始實踐樸門生活，需要一本淺顯易懂的參考書。這本書的內容，是以國際標準的課程主題撰寫，而且，除了告訴你觀念，在解釋完一個章節以後，接著就有實作練習，也就是有一個實踐的途徑，馬上可以著手練習樸門生活。

此外，當時我們也曾請來臺灣帶領課程的樸門老師Robyn Francis推薦，如果要優先翻譯一本書，給上完兩周認證課程的學生參考，結果她也是推薦這本。如果就學習過樸門、而且還留在樸門領域的人來看，國際上還在世

的第一代實踐者與講師，Robyn Francis應該是最資深的，她的推薦很有力。這本書的作者Rosemary Morrow，也是Robyn的學生，但是年紀比較大，在國際間也是很有名的樸門老師。因為有這層緣故，所以這本書的〈中文版推薦序〉，就是請Robyn Francis撰寫的。

樸門的創始人有兩位，澳洲人Bill Mollison與David Holmgren，兩人是師生關係，Bill前兩個月過世（編按：二〇一六年九月），活了八十八歲，而David大概六十歲出頭。《探索樸門：超越永續的原則與道路》，就是David邀請我們翻譯成中文版，讓我們感到很榮幸。

雖然出這本書一定會虧錢，因為比起《地球使用者的樸門設計手冊》，它的內容比較硬，會吸引到的讀者可能不是那麼多，但是，這是樸門一本很重要的書，所以我們還是出版它。雖然目前為止還沒回本，但讓我們開心的是，David認為中文版是所有翻譯的版本中，品質做得最好的，而且比他原來認為第一名的法文版還要好，我們的用心有被看見和肯定，感到非常值得。

問：您之前曾有與出版社合作出書的經驗，當時為什麼採取獨立出版的方式，而不是找出版社？

答：有過與出版社合作的經驗之後，我們對於主流的出版文化，可能比較沒有共鳴吧！多數出版社習慣的思考方式是：因為我有出版專業，所以作者只要把內容給我，其他像是美術設計、封面、銷售等等，作者都不需要涉入。但我們認為書是自己的作品，所以會希望在合作的形式上，能夠比較有參與感，很自然地就會有一些自己對書的想像與看法。

放眼國際上很多樸門的書，而且都是很好的書，幾乎都是獨立出版，或是找理念比較相近的出版社來合作。我猜想，很可能因為大部分樸門老師對於出版的想法，跟主流的出版社不一樣，如果是純商業考量，可能在理念上，大家會有很多彼此過不去的地方。

不過，我們並沒有因此而排除與出版社合作的機會，像最近就有另一家出版社來邀請我們寫書，我們跟編輯有過幾次開會，就書的內容展開討論。

其實當時我們也曾想過，找專業編輯用接案的方式合作，不過沒有找到合適的人選。再加上那時我們有位同事對出版很有興趣，所以最後決定乾脆自己來做這本書。

問：版權當初是怎麼洽談的？

答：原作者的版權，是在澳洲一間很大的公司手上，所以是花錢買版權。

問：出書的資金怎麼來？

答：一半工作室出，一半集資。我發出十五封邀請信給曾來上過課的學生，結果有十一位成為贊助人，每人出兩萬元左右。總共花了六十幾萬元，不夠的部分就由工作室來出。

印了三千本，直到最近才回收成本。賣書盈餘，百分之十捐給台灣樸門永續設計學會，剩下的按出資比例分回給贊助人。

問：內容找誰來翻譯？

答：我們的學生之中，英文能力比較好的十二位人士。還好他們因為上過樸門的課，對樸門都不陌生，所以初譯的品質很不錯。不過，因為要整合十二個人的譯作並不容易，所以下一本書《探索樸門：超越永續的原則與道路》，就委託師大翻譯所的幾位畢業生處理。主要是因為有一位師大翻譯所的老師是我們的學生，他推薦了幾位他的學生來翻譯。

問：從有出書構想，到最後成書，歷時多久？最困難的地方是哪裡？

答：大概一年多。出這本書，最困難的地方，算是進度吧！雖然我們並不是靠出書賺錢，比較沒有時程壓力，沒有說一定要在什麼時間點完成它；不過也因為這樣，出書的行政管理變得很瑣碎，後來回想整個過程，真的是滿累的。

以翻譯來說，十二位譯者的本業都不是翻譯，所以每個人的進度都會不一樣。至於收稿、統整、校譯、文字編輯，都是由我和協助出版的同事來處理。比如校譯，我同事先校，他校到一個程度，就給我校，這樣子來來回回。

翻譯遇到的問題主要是，十二位譯者的用字遣詞都不一樣，所以就會需要統合一些語詞、語氣，甚至我們花滿多時間討論，某句話裡的數字，是要用國字還是阿拉伯數字等等。尤其是一些專有名詞，因為每位譯者遇到的名詞不一樣，所以我們也很難一開始就知道，到底有多少名詞需要被統一？這也是比較困難的部分。還有，有的句子超級長，很難一時找到合適的譯法，因此過程其實也是滿痛苦的。

美術設計的部分，是委由專業的美術編輯來接案。中間有個小插曲，已經快要接近完成的時候，他的電腦壞掉了，整個檔案都要重來，所以又拖了好幾個月。

花最多時間的部分，是圖片的中文化。這次合作我們才知道，美術編輯不會幫忙校對圖裡的中文字，我們給他什麼，他就直接排版，所以我們花很多時間在校對圖裡面的小字，再加上這本書的圖又很多，因此特別花工夫。後來我問了在出版業工作的同學，才知道原來即使在主流出版社也是這樣，美術編輯排圖片時，並不需要幫忙看字有沒有錯。

問：書出版之後，如何銷售？

答：一開始就是找幾家特定的書店去談，往各地盡量找，例如，臺北一家、臺南一家之類，後來基於支持獨立書店的立場，也有委託給友善書業合作社，至於它又批給哪些書店，我們就不清楚了。一家一家談是滿累的，我們的會計作業就會很辛苦。書出版之後，銷售速度很慢，所以第三本出版的時候，曾經想過要走主流書業的通路。後來做了一些了解，評估了與書業合作的財務損益之後，就覺得還是用原來走獨立書店的方式賣就好了。

問：這本書出版之後，是否得到一些讀者的回響？

答：老實說，我們沒有針對每一家合作的販售點做過調查，不過，倒是有接過不少電話，向我們釐清書中的內容。其中有一位是上過我們課的學生，他想按照書裡的建議，製作一個水過濾系統，他打了好幾通電話給我們，討論跟釐清書裡講的概念，並詢問一些技術上的問題。另外，在南部和花蓮有人成立讀書會，除了討論書裡的內容，甚至還會在讀完某一章之後，依據每一章最後的實作練習，實際去演練。

書出版之後，究竟是哪些人來買我們的書，或者說要怎麼樣得到讀者的回饋，這部分我們還是很陌生，不知道該如何追蹤。我比較能夠想像的是，它是一本獨立出版的書，所以，我認為買這本書的人，一定是對樸門有興趣，而完全沒來由就買的人，應該是很少。

問：您和孟磊可說是首先把樸門引進臺灣的人？

答：我們可以算是最早把樸門引進臺灣的人之一吧！因為後來開始接觸的人當中，對於在臺灣推廣樸門的理念有點不同，我們就先從澳洲請正統的老師來開課，對樸門在臺灣的推展應該是比較好的，所以現在有些樸門老師是從我們這邊學習再出去教課的，而一代傳一代，現在也有學生的學生出來推廣了。

孟磊曾在一九九九年到澳洲上正式的樸門國際課程，在那裡他到Robyn Francis的農場實習，留下了很深刻的印象，覺得她是一位很棒的教育者。所以當我們想把樸門引進臺灣時，第一件想到的事，是要找正統的老師來教，而第一個想到的人選，就是她。

樸門是沒有中心組織的一個運動，到現在大概四十年的發展，已經變成在全世界一個很大的永續生活運動，所以相對來說我們也有發現一些問題，就是越來越多人接觸樸門，一方面是好事，另一方面有些人對樸門的認知是越來越被稀釋，這是在全球樸門界中都有的現象。不過我們是這樣想，只要不是對地球不好的作法，應該都沒關係啦。想深入學習的人，總會有機會挖掘更深。

問：出版這些中文翻譯書，對於想要實踐樸門生活的人來說，有這些書和沒有這些書，會有差別嗎？

答：樸門的每一個設計，都是呼應整體的環境條件而生，包括日照、風向、水流等等，背後都有設計的理念與重點。如果沒有書的話，可能會讓人覺得樸門似乎只不過是「種植作物的DIY技術」；如果有加上閱讀的話，觀念可以用文字系統化、比較深入淺出的方式呈現它背後的科學、哲學及生態的原理，你會發現樸門探討了整個社會、世界體系的問題與價值觀。

對於樸門的推展，我們現在有一種矛盾感，一方面是樸門在臺灣似乎已經開枝散葉，能夠自我推廣，這是好事，但另一方面也感覺到越來越難好好地推廣樸門，原因之一就是太多人以為它只不過是「另一種種植技術」而已，會拿它跟其他農法比較，可是它其實是一個設計系統，講的東西很深入。

無論國內外，現在樸門相關技術的課程還滿蓬勃發展的，這些教導手作技術的課程雖然很重要，但也很容易讓學習者太重視技術的學習，而忘記樸門是一門探索各元素之間關聯性的學門，所以有時候會發現一個地方，可能有著各種樸門較常被應用的作法：螺旋花園、雨水收集、香蕉圈、鎖眼菜園、堆肥廁所、麵包窯……等等，但是彼此之間並沒有發生關聯性，只是單純被當成技術被放置在一個空間當中，至於它們的設置意義，或者為什麼在這時空與環境要選擇這些技術？像這些我覺得都是在書籍中比較能夠說清楚的，比一次性的聽講或是上課，都還要來得更清楚些。

舉例來說，很多人學了樸門以後，第一個就想著「我要做一個螺旋花園」。由於它能夠利用小空間創造高低落差的微氣候，並且製造讓雨水可以被留下的最長路徑，再加上造型很美，看起來很酷，所以很受歡迎。但是，我們看到很多人蓋出很巨大的螺旋花園，或是把螺旋花園放在一個根本沒有人會去的地方，也許一開始種了一堆香草，結果馬上就被雜草淹沒，然後你就覺得螺旋花園好難管理喔，因為都變成雜草。但其實原因可能是出在放錯位置，而不是它難管理。

當螺旋花園出現在某一本樸門的書的時候，一個負責任的作者會做很多的說明與解釋，能夠讓你去理解，最初螺旋花園是怎麼設計出來、它的理念是什麼，這樣容易一開始就做對，減少對螺旋花園的誤解和錯誤的想像。

另一個常見的，只模仿到形狀卻容易出現反效果的例子，是彎彎曲曲的菜園。彎曲的好處是讓邊界更長，增加種植數量，但會使得採收比較困難，雜草也可能有更多入侵的機會。所以在設計上就要考量到如何應用步道跟種植方法，既能夠提高生產力，又能夠讓農人管理起來更有能源效益，方便走動、澆水等等，在考量全面因素下，做出一個好的樸門農園設計。

書籍的另一個好處是，你可以在實踐的過程中，有需要的時候不斷回去翻閱它，隨著自已經驗的累積，也會對樸門有更深的理解，像我先生跟我都是屬於這樣的讀者。

問：樸門的資料，在網路上能夠找到很多，如果只看網路上找來的資料，對於樸門的理解會有很大的誤差嗎？

答：網路不太容易找到有系統性的內容，而且有的作者會把他畢生的經驗，透過書籍的出版分享出來，是很難得的。如果只是在網路上這邊搜尋一下，那邊搜尋一下，很不容易有系統，不如找本好書來看，對於整套觀念的建立會比較有幫助。

而且我發現，在樸門的學習者與實踐者裡面，有滿多一群人，不喜歡一直黏著電腦，他們的時間大部分都花在戶外，像我先生很不喜歡用電腦，所以，書對他來說就很重要啊！

問：透過樸門課程的推廣，或是這些書的出版，都會連結到一些人，似乎以知識分子居多，如果以他們作為連結點，連結到整個社會，或是臺灣以外的世界，這十年來，在永續生活或是環境教育的領域，您認為有些什麼樣的變化？

答：臺灣社會現在比較開放，所以，對於環境或是社會的未來要如何發展，就有比較多的可能性。環境運動或是環境教育，在以前比較難推展的原因之一，就是大家對於生活的想像比較局限，可是現在臺灣社會很開放，所以大家對於生活的想像就更多元，不一定要過主流的生活，這個我覺得對推展環境教育而言，應該是一個助力。

我覺得比較可惜的是，就像你說的，以知識分子或者是生活在主流社會的人為主，這一直都是個問題，即使是我們現在去中國大陸教學，也遇到相同的問題。

當然很多來學樸門的人，確實做出了很大的改變。像我們的學生就有人成立了農場，也有人放棄了可能所謂比較好的工作，而決定要去過自己想要的這種生活，也滿多的。有一些人是家庭主婦，在家裡實踐樸門，還有一些是年輕人。

我們的學生，最年輕的是十七歲，他高中快畢業的時候，就來上我們的課，最初是他在學校圖書館看到我們的書，發現原來世界上有人是這樣過生活，覺得這個概念很棒。他後來整個讀大學的過程，就是特別關心農業啊、環境啊，像他就很關心茄萣那邊之前有一個開發案的動態，跟我們也一直保持很密切的聯絡，常常透過網路詢問很多問題。他現在大四，在學校成立了樸門的社團，未來他想要走跟景觀有關的設計領域，但是他又不想當一個目前定義上的景觀設計師，而是一個很具有社會性、可以消除貧窮的景觀設計師。

問：大地旅人環境教育工作室，是為了推廣樸門而成立的嗎？

答：不是。工作室是在二〇〇四年，由我和我先生，以及一位研究所同學共同創辦的，以各類型的環境教育為主。但在那之前，一九九八年我們從美國回臺灣開始，我們就開始用業餘時間推廣能源教育與關心氣候變遷，因為當時臺灣社會很少有人公開探討這兩個議題。

那時候我先生有自己的工作，而我在七星生態保育基金會任職。我們會開始接觸樸門，最早是我先生在讀高中時，大概是一九八七年，他就知道樸門，剛才提到他在一九九九年去澳洲上課，而我是因為他開啟了對樸門的認識。我們學習樸門之後，就開始實踐樸門生活，比如在陽明山租了一塊地，搬到山上去住，自己種作物、自己養動物、收集雨水等等，生活方面就是朝向樸門這樣子，並沒有想說以後要教樸門。

但是經過幾年的實踐，臺灣社會開始有人知道樸門，然後開始邀請我們去分享。因為我是到美國去念環境教育，本來做的工作也是環境教育，樸門就由原來是我們的生活方式，逐漸變成也是我們的專業。於是工作室也就很自然地從生態教育，朝向往樸門整個生活系統去改變，慢慢地我們所有做的事情，都是在樸門的這個大傘底下去發展，所以它是一個滿重要的指引。

問：去美國念書之前，您就已經踏入環境教育的領域了嗎？

答：我從東吳英文系畢業後沒多久，原本準備要出國念電影或是藝術相關科系，因緣際會之下，先去了雲林麥寮的一家補習班教英文，當時的心態是想要一邊工作，一邊準備出國念書，因為我是一個都市小孩，那種好想去鄉下住住看的心理很強烈。結果去到那邊之後，覺得大自然好美啊，跟我以前去故宮、美術館啊感受到的人為的美，完全不一樣。當時住的宿舍可以看到稻田，視野很遠，一望無際，每天晚上都可以聽到很多來自大自然的聲音，像是遠方傳來的鵝的叫聲，而且每天晚上我都騎腳踏車去麥寮最高的廟，抬頭看星星，經常看到天亮了才回住處，白天可以看到牛在田裡面走來走去。這些我從來沒有過的生活經驗，給了我很深的觸動。

後來我回臺北工作，幫一位澳洲學者做翻譯，他到全臺灣各地針對老師推動環境體驗教育，讓老師們運用很多感官去接觸自然。我跟著他大概一年半還是兩年之後，內心就有一種感覺，環境教育是我這輩子可以做的事情。這兩個工作都給我很大的衝擊，所以，我大概二十五歲左右就確定自己的志向，去美國念書就改成念環境教育。

問：回臺灣之後，怎麼將所學投入社會呢？

答：回來第一個工作，在財團法人台灣醫界聯盟基金會推動國際健康城市計畫，後來也有參與組織推動臺灣加入世界衛生組織的工作。接著就到七星生態保育基金會擔任執行祕書，大概做了六年，是比較正統的環境教育工作，逐漸就發現自己對於能源的領域比較有興趣，因此就成立了工作室。

問：工作室成立至今超過十年了，整個發展的方向、涉獵的領域，有哪些超越您原來的想像？

答：有啊，就是沒想過我們會去中國大陸開課，而且在那裡竟然有那麼多人想要學樸門，想要積極地改變自己的生活。中國大陸實在太大、太多人，中國人對世界的影響性實在太大。那邊來上課的學生，有很特別的是在房地產業任職，當然這些人有的一開始是抱著用樸門來做廣告賣房子的心態。起初我心裡有很強烈的抗拒感，因為很少跟這領域的人接觸，但是逐漸就覺得沒關係，我相信樸門或多或少會在他們身上發酵，產生影響。

像今年的感覺就很不一樣，還是有房地產業的人來上課，但是兩周的課程，可以察覺他們的想法開始有改變，例如有位學生在課程倒數第二天跟我說，課程前兩天他覺得是不是上錯課了，後來覺得課程一天天聽下去，真的開啟他自己心中善的種子，他說：「樸門生活應該是每個人都想追求的，為什麼房地產的老闆們，很少想到要營造這種照顧人又照顧地球的居住空間？」

另一個超越我想像的是，沒想到生活與工作會連結得如此密切，然後也發展了自己更大的潛力：作為一個人的潛力。以前在都市生活，真的沒想過有一天餐桌上那麼多食物是從自己的土地中長出來，碗盤也是自己做的，這種自食其力的感覺真的很好。

問：未來十年，您對工作室的未來，有什麼想像？

答：工作室現在剛好在一個轉折點吧，因為臺東是我和我先生花許多時間教學的地方，也是生活的地方，我們開始思考，到底是要著力在鄉村還是都市？還有，我們想多接受來自中國大陸的教學邀請，但是又想多花時間在臺東開展自己的生活，這兩者有一點無法兼顧。

最近我跟我先生在討論，是不是應該要認真在臺東推動生態村，而且是用不一樣的作法。主要是我們在臺東已經慢慢形成一個社群，似乎有一點點條件去做這個號召，去突破人們原先對於生態村的想像。以前的生態村就是一群人，找一塊地，再去組織，可是我覺得現在好像沒有這樣的需要。主要是我看到東海岸有那麼多沒有人住的房子，其實只要有人去把它組織起來，這些房子就可以來推動成為生態村，不一定要蓋新的房子才能夠做這件事。

只要有組織在推動，大家不一定要都住在一起，而是住在附近，我想試試它的可能性。一群理念很接近的人，用低環境衝擊的方式過生活，透過交換物資、比較小的經濟規模，不用那麼依賴主流社會的大環境，避開那些我們不想要的價值觀。

當然並不是說，在都市就不能夠做生態村。我在網路上看到以前在美國生活時，我曾向他租房子的一位房東，做了一個生態社區，是一個很好的例子。他連結了社區裡的屋主一起出資，買了另外一間房子作為據點，那裡有共同廚房，也有兩間房留給有過夜需求的外地來訪親友，也包括聚會、討論、共同娛樂的空間。他們有生態村的實質，但是沒有生態村「大家要住在一起」的框架，我覺得這樣很好，在都市應該是要推展這樣的作法。

想要推動生態村的另一個原因，是我們近年非常憂心且關心氣候變遷，究竟會引起什麼樣的效應，我們其實已經處在災害的時代，那我們要怎麼生活才能夠大家一起好好生存下來，同時也思考到未來十年，要怎麼把我們會的東西，分享給更多年輕一代的人，生態村似乎就是一個可以聚集各種年齡層的人的方式，形成彼此間可以互相照顧、互相分享經驗的生活模式，所以最近這個想法就是慢慢在發芽。

還有，我希望把樸門的觀念，推廣給已經在從事耕作的農夫或是原住民朋友。在中國大陸開課時，我曾邀請一位苗族的青年來上課，他在自己的村子裡當農夫，他雖然沒有接觸過樸門，但他的生活經驗與文化，讓他可以很快理解樸門在傳播的觀念是什麼。像他這樣子很年輕、留在苗族村子的人非常少，我剛好有一個機會認識，就邀請他來上課。結果他的存在，意外地讓班級得到很大的提升，因為他提供的很多生活智慧，是都市人完全沒有辦法想像的。

要改變老一輩農夫的觀念，並不是那麼容易，因為農夫就是以農為業，他考慮的是：如果我這樣子種，會不會減少收益？如果雜草很多，有雜草就很難管理等等，但如果從長期的眼光來看土地的健康跟農夫與消費者的健康，在經濟利益、農法與生態之間尋求平衡，我認為樸門可以發揮很高的參考價值。

樸門為什麼那麼打動人心，是因為它提供很多好的策略，讓人能夠比較積極地去面對問題，用「有這個問題，我到底可以做些什麼」的思維來面對，不會只是被局限在那些問題之中。

對於工作室的經營，我們從來不是用「把它發展得更大」的心態，十多年來，就是順其自然地發展，因為我跟我先生一直都是秉持著這樣的想法：我們的生活不但是我們的興趣，也是我們的生涯。如果為了把「事業」擴大，而失去了好好過生活的時間，那好像本末倒置了。我希望未來十年，可以把自己的生活過得更好一點，也可以把剛才說的這幾件想做的事持續開展，讓樸門的腳步，走到兩岸更多的角落，讓更多的人得到照顧，也讓地球得到更多人的照顧。

附錄

專訪大塊文化出版股份有限公司董事長　郝明義

採訪、整理、撰文／游任道

問：二〇〇七年您寫過一篇文章〈我們的黑暗與光明——台灣出版產業未來十年的課題〉[1]，那時您就在討論關於出版業的「寒冬」現象與因應。文章發表至今近十年，當時討論的「寒冬」現象，與出版業目前常提到的「書很難賣」的寒冬，兩者是否不同？現在又是如何思考這個問題？

答：我今年（編按：二〇一六年）八月的時候另外寫了一篇文章，就是〈台灣出版產業面臨奇妙的轉型時刻〉[2]（以下簡稱「奇妙的轉型時刻」），正好隔了九年，接近十年的時間之後，重寫出版業面臨的「寒冬問題」。我認為全世界出版業所面臨的寒冬，是「數位」對「紙本」的衝擊，但臺灣的問題不是寒冬，是特別的「冰風暴」。臺灣的「冰風暴」有一

1　編按：〈我們的黑暗與光明——台灣出版產業未來十年的課題〉，郝明義，二〇〇七年。（出處：網址 http://rexhow.com/works/?p=359）

2　編按：〈台灣出版產業面臨奇妙的轉型時刻——修訂版全文〉，郝明義，二〇一六年。（出處：網址 http://rexhow.com/works/?p=3264）

大塊跟「少子化」有關，人口結構轉變，持續朝向新生的閱讀人口、讀者越來越少的社會在發展；當然另一大塊就是「折扣戰」這件事情。「折扣戰」我覺得也是影響很大的，我九年前就在寫這個事情。不過到今年，我寫「奇妙的轉型時刻」的時候，我反倒覺得看到了一種新的希望。所有目前看到的黑暗，我九年前就看到了。因為九年前我就感覺到、知道這個黑暗要來，所以我不覺得特別黑暗。反而是這兩年，看到新時代的年輕人對知識閱讀的渴望，尤其是，解嚴後出生的年輕人，到今年他們正好都是三十歲左右的年輕人，我覺得有新的希望或光明出現。這是我九年前沒看到的，因為那個時候，還沒法看到它發生。

我覺得這群年輕人是非常有趣、有意思的一個世代。他們一方面，可能是許多人所擔心、許多人所批評的：「不讀書啊！只愛用網路、低頭滑手機的網路原生代」，諸如此類的。

但是我看到很多現象，很多這個時代的年輕人身上所顯示的，卻正好又和這些擔心與批評相反，比方說他們其實對很多議題，或對許多事情的好奇與關注，跟想要探索的那種動力本身，形成一種他們對閱讀渴望的新力量。這一方面是，他們成長的這三十年，正是臺灣社會脫離威權，教育、學習方法越來越多元開放的過程；再加上網路普及帶來新的學習方式，使得他們開始在閱讀的過程中交錯使用「網路」跟「書」這兩種工具，長久下來，其實很多人對如何使用，吸收、消化這些不同來源的資訊、知識，都有自己的方式。

這種閱讀素養、根基都非常有意思，我覺得非常特別！這些年輕人對現在社會的許多問題，因為舊的觀念、作法無法解決，而想要探求、找新的方法、想要嘗試某些新東西的想法，以及他們對新的觀念、價值與新的事物可能帶來的改變，相較於過去威權時代成長的人，比較沒有畏懼感，使得他們可能比過去的世代對各種事情的探索，有更主動、自主的閱讀需求與渴望。這些事情合起來讓我覺得，誒，太好了！出版社如果能主動看到、了解他們的不同需求，跟他們互動的話，反而它的可能性顯得相當的多。所以我才特別講，這個時刻，一方面是我們出版業面臨的「寒冬的冰風暴」還在；但另一方面我覺得，可能可以找到一些，有意思的隊友、讀者一起把這個階段給渡過去。

問：您在「奇妙的轉型時刻」裡提到，現在書店通路，首要的應該是吸引讀者願意走進書店。業者可以將書店打造成一個舒適的閱讀場所，譬如：可以讓讀者一邊喝著咖啡一邊讀書的、開架式的自由閱讀空間。建議業者，不要害怕讀者不消費，或是把書弄壞了弄髒了，也舉了韓國、日本書店的例子。您覺得這個想法，適合小書店、獨立書店的經營嗎？

答：我自己覺得適合。獨立書店可能更適合才對！透過不同書店對自身主題與屬性的經營，它可以形成某種溫暖、記憶，或者黏著性，讓讀者覺得他非要來這家書店不可。這正好可以滿足那些，我剛剛講的，有個別想法的年輕世代、分眾讀者的需求。當然這個的前提是，必須要先有「圖書定價制」的實施。它或許不是所有問題的解方，但卻是一個讓網路書店與實體書店，連鎖書店或是小書店，在售價上都「平等」的制度。這樣才可能有助於這些小書店的生存，讓他們專注在經營各自不同屬性的讀者需求上[3]。否則，它都抵不過讀者想去書店看看，然後最後還是上網買，折扣又低，買完了還可以在7-11拿書比較方便！

問：您對出版業的下一個十年有沒有什麼想望跟期待？

答：談不上什麼特別的想望，我就是要探索，把自己當成重新進入這個行業，重頭來。雖然我入行已經快四十年，但因為整個時代環境，有太多東西都改變了，我們沒辦法、也絕對不能用過去四十年的經驗跟能力當作依靠，而必須把那些東西都放下來。我現在就在做這件事情呀，譬如今年，在大塊文化（以下簡稱大塊）的關係企業：Net and Books（網路與書）推出一個書系叫做Change，就是想打破我以前所有會的東西，違反我以前所有做系列的原則來做這個書系！

一般在做書系一定會把系列鎖定在某個類型上，針對不同的讀者、讀者群形成產品線的特色。所以，我們大塊過去每個書系都要有一句話，或一句slogan，很清楚地指出那個系列的特色。系列要做得好，你必須想清楚你要做的是什麼，不要見獵心喜往裡面加東西，這是我以前做書系一個很重要的根本，也是我過去幾十年做系列所把持的原則。

3 編按：詳細論述、說明，參閱註解1、2的網頁連結文章。

但Change是要打破我剛剛講的，過去做書系的原則。它還是有書系，但是這個書系本身，不設任何東西，打破過去書系一定要清楚定義，跟集中、聚焦系列特色的作法。我甚至也打破之前每個系列都只有一句話或slogan的方式，讓每一本Change系列的書都有不同的一句話，因書而異。想要做一個「一句話」好像講不清、講不了，講不完的書系，但是它代表的是不斷地變化，在它裡面什麼樣的變化都可能。我覺得現在是個變化的時代，所以我想嘗試看看，只保留一個Change的概念，然後有什麼新的變化，我就加什麼東西進來，讓它不斷地演變，呼應新時代的轉變與讀者的需求。

問：出版人所做的所有事情，回歸根本就是關於「閱讀」本身，以您從業近四十年的時間，跟我們說說，您覺得所謂「閱讀」，對您而言是什麼？它的價值在哪？

答：這個很簡單嘛，我們需要氣體，呼吸空氣，然後我們的肺才能運作；我們要吃固體的食物、要喝水，然後才能讓我們的血液、肉體吸取各種養分。我們需要固體、液體、氣體；但我們同時也需要閱讀。「閱讀」雖然是無形的，但它是給你大腦的飲食，所以怎麼能不閱讀呢？就像你怎麼能沒有空氣，怎麼能沒有水，怎麼能不吃固體的食物？只不過「閱讀」是無形的，因此有些人可能就認為它是不存在的；但它不是，它是非常真實的存在，它提供你大腦的養分。所以不閱讀，你的大腦就沒有養分，也就沒有東西了呀！

大雁文化事業股份有限公司董事長　蘇拾平主講
後互聯網時代下的臺灣出版業[1]

整理、撰文／虹風

一、讀者行為的轉變

讀書不再是必要的好習慣，讀書社群、媒體、訊息乏人問津，閱讀嘉年華及讀書會風氣是推不動的。

讀者行為研究缺乏數據支撐

後互聯網時代，臺灣出版業未來會是何種的面貌，得從讀者行為的改變、出版業未來的持續生存模式，以及產業鏈的變化這三部分來談。讀者行為的轉變，是互聯網生態為出版業所帶來最重要的衝擊。問題是，讀者在哪裡？書店通常不知道讀者怎麼進來、怎麼離開，為什麼要買？實體書店的統計資料其實不多，甚至網路書店也缺乏相關數據，諸

1 編按：此篇附錄，由蘇拾平先生（業界習稱他蘇公），二〇一七年於小小書房所主辦的「出版業內部交流會」的三場座談內容整理而成。「互聯網」一詞，臺灣較常稱為「網際網路」，在此特別保留蘇公原講題及用詞，不做更動。內文楷體部分，為蘇公原講題大綱，亦保留作為每一講題的快速掃描、說明。

如：到訪率、page view（瀏覽量）、客單價、流量……要去sampler流量、流量與客單價、流量與購買單價的關係……等等，這些數據，都有其一定的意義。我想，臺灣出版業對讀者行為了解很少，乃是因為，我們普遍認為，出版是一種模糊的、做文化商品的興趣，或者更嚴肅一點的是志業，而非盈利為主的商業活動。

讀書社群如何消失

過去，在臺灣所謂的讀書社群認為：讀書是一種向上的好習慣，是優雅的、求知的，知識性的行為。臺灣曾經是這樣的一個社會，因為對未來有憧憬，一般人會覺得讀書是有用的，是好事、好行為，所以早期還有郵購購書，讀書社群很容易聚集，名單很容易湊出來。以前會說：「我的嗜好是讀書、閱讀」，這是引領著臺灣出版業的一個豐盛的時代，但是，它的高峰在二〇〇二年就結束了——也就是互聯網開始產生影響力的時間點。

推廣閱讀嘉年華已經失效

大概在那個時間點，讀書，慢慢地變成不是一種嗜好、好習慣，因為讀者不覺得讀書是一個很重要的行為。這不一定是一件不好的事，而是讓讀書還原成簡單的個人行為。這是一個社會成熟之後，很正常的現象，是進步而不是退步。以前認為讀書是可以給我加持、好的閱讀習慣可以帶來前景，或者是一種class，像早期有閒階級或優雅階級，或者有品味的階級。現在讀書並不比較特別，作為「讀者」並不比較特別，只是一種簡單的稱號：因為買書，所以你是讀者；因為你讀了一本書，所以你是讀者，並沒有特殊階級的意思，但是，這在二〇〇二年之前還是有點意義的。所以，我們現在繼續推閱讀嘉年華，或所謂的帶動社會讀書風氣，是沒有用的。不是說不能做，而是做了沒用，這也是為什麼國際書展人潮會越來越少的原因之一。

互聯網來了之後，臺灣就攀過了知識菁英階級的年代。

二〇〇二年之前的五年到十年，連鎖書店擴張最快——那是出版社從供不應求轉型到供過於求的時代，整體出版業開始出現轉變的關鍵點；同時，我們看到書店的基本人潮開始下降。

網路分心效應

在那段期間，網路非常吸引人——一般人可以在網路上找到所有的知識、所有的訊息。原先一個月去一次實體書店的讀者，當時被網路吸引，有一天，他忽然發覺他很久沒去書店，慢慢就覺得不去好像也沒關係，我稱為網路分心效應；還有一種是，當他偶然又去書店時，常有這樣的印象：「好像也沒什麼書，好像也沒什麼特別的書出來」，反而是失望。為什麼會這樣？因為網路讓人以為自己見多識廣。

網路對大眾形成最重要的效應就是，現在一般人跟電視媒體不但是平行的，甚至是低看它的，因為現在的電視媒體在追蹤網路；以前我們去書店帶有一點朝聖的、發現的心情，但互聯網將這樣的平衡打破了，在互聯網的影響過程裡，去書店的人潮，就慢慢退去了。

書店專程讀者減少，多未移轉到網店；指名讀者改到博客來，口碑效用在Facebook及Line還無從發酵；順便讀者則成為實體書店取暖的救贖。

專程讀者的消失與轉移

我把一般到書店的人潮做簡單的分類。一種叫專程讀者：就是固定一段時間，定期會去書店逛一下，這種還是屬於廣泛的讀書社群。在互聯網衝擊的過程裡，書店的專程讀者減少，是書店人潮減少的一大主因，以至於到最後，書店因為坪效不足只能關閉。但這些減少的人潮雖然都在網上活動，但他不一定去網上書店。網路書店的購買比例雖然不斷地在增加，但去實體書店購書人潮減少的速度，看起來是高過於增加的，所以並沒有完全移轉。這中間有些讀者就不見了，消失在互聯網的環境中，分心了。他有其他興趣，未必要讀書。這是第一個書店人潮減少的原因。

指名讀者全數移轉到網路書店

第二個我們稱為指名讀者。這類讀者不是去逛書店，是特定到書店去指名找書的。一種是功能性的：比方說我學駕駛，買一本駕駛訓練的書；或者我要考試、要在職進修，要學行銷……等等，有目的的去找書。另一種就是別人介紹，也就是傳統說的「口碑」。這些指名讀者顯而易見會改到網路書店買書，因為現在實體書店通常只能保留三個月內的新書，將近百分之七十是要退回給出版社的，架上一本都不留。所以在實體書店常常找不到書，或者，即使書店幫你查，他也會說缺書。

但網路書店有這個問題嗎？如果是指名購書就不會有這個問題，因此這部分幾乎從實體書店完全移轉到網路書店。尤其最可怕的是量販、特販讀者的移轉。所謂特販就是，譬如說讀書會、或老闆心血來潮要買一百本書送同事，過去，他可能不一定去找出版社，而是找書店代購，這以前占金石堂業績大的，但現在都流失了。特販大量轉到網路書店，是實體書店最吃不消的。

實體書店唯一的機會：順便讀者

第三部分是順便讀者：去逛賣場，順便進書店。譬如說，因為經過臺北車站，就順便進誠品；或到東區逛街，順便去逛誠品。其實更標準的「順便」是，一家人去家樂福或COSTCO（好市多）購物，那有一個書區，去晃一下。這種人潮都是臨時起意，因此順便讀者通常都買暢銷書。這種地方的營業額若是靠人潮、或所謂的location帶來的話，就會集中在暢銷書的銷售上。所以COSTCO不必進很多種書，只要賣暢銷書就好。這也是為什麼誠品慢慢收掉單一店，改開在賣場、或者自己建賣場的緣故。

以前誠品的聖地是敦南，但因為它有太多順便讀者，所以現在誠品的排行榜也是暢銷取向。什麼叫暢銷書？就是不必有知識準備的書，業餘的任何人都可以買的書。如果你必須看過哪些書、必須有哪些知識準備才能夠對這本書有興趣的話，這樣的書，通常不太可能是暢銷書。

現在的實體書店生存的機會，就只剩下順便讀者，它甚至要往其他賣場靠，因為專程讀者、指名讀者都不見了。過去最發達的社區型書店所受的影響最大。以連鎖書店而言，金石堂主要是社區書店，它從最盛的一百家左右降到剩三、四十家吧。在出版業最興盛的時期，一個社區就足以支撐一間書店。所以當時不管是金石堂、何嘉仁，或很多其他的連鎖書店，都走社區路線。誠品不完全算社區書店，它比較有獨特性的概念跟心思，因此一般人也會特別跑去誠品。即便這樣，誠品也在修改它的方向，因為它沒辦法靠主動、定期，習慣性前往的人潮來支撐。而更確定的是，社區書店現在已經沒有基本的人潮了。

在未來，實體書店會往順便讀者這個方向發展，誠品已經在這中間成功轉型。我們知道美國最大的連鎖書店BORDERS，在二〇一一年倒閉，剩下第二大的BARNES & NOBLES，還是以書店為主，這幾年都虧損。根據去年（編按：二〇一六年）的資料，還在往下掉。

分眾讀者選擇增加，也有時間長尾；在網上可主動搜尋，在獨立書店可互動聚集。

分眾讀者選擇增加

現在的分眾讀者，與過去我們的理解不太一樣。過去，作為分眾讀者是困難的。意思是說，如果你有特殊興趣，得花一番功夫才能尋得相應管道獲得知識、資訊——因為要行過萬里路，才能讀得萬卷書，得要自己去找。而且，即使你有特殊興趣，還不一定找得到書。可是現在網路使得這件事情比以前容易，在網上主動搜尋很容易找到書。博客來即使現在沒書，也可以幫你調、送到7-11，除非那本書出版社絕版。所以主動搜尋，對現在的分眾讀者來說，比起以前是有非常大的不同。

在網路時代，分眾讀者的選擇，邏輯上是增加的，而網路帶來最大的好處，是沒有了資訊焦慮。對於一般讀者而言，他覺得很安全：資訊放在網上，我需要，再去找。以前我們看百科全書、會買本鳥類圖鑑回家，但這樣的知識系統，某種程度被網路取代了。大英百科全書為什麼不出了？它有網路版就夠了，也可以解決update的問題。或者，我們要到網上查百科，用維基百科就可以了，因此，對於現代人來說，資訊焦慮反而是沒有的。

資訊焦慮最盛的時候是在二〇〇〇年前後。那時候人們覺得，一下子來太多資訊，還不習慣。以前我們為什麼要看報紙？因為有資訊焦慮。現在年輕人不覺得他需要看報紙，他只要看他想要的。也就是說，我們從資訊不對稱的時代，來到資訊對稱的狀態。現在，一般讀者覺得他的資訊跟出版人是對稱的——在網路時代，網民覺得他的資訊是對稱的、不覺得你比他有什麼了不起。這也是出版業不習慣從賣方擁有資訊的優勢，轉移到必須用平視的方式去對應讀者，是出版社常常有的不適應現象。

現在的分眾讀者，比我們想像的有自信。他真的想關心什麼書、關心什麼主題，他自有其定見。過去我們認為，分眾讀者、小眾需求常常需要培養，用各種方式，像是用讀書俱樂部、用共通興趣，強調忠誠度去培養他。但現在，這些在網上隨時可以移走，讀者是沒有忠誠度的，他只有他的需求。這在很多類型的小眾書籍上，會反應出這種狀態。

圖書的時間長尾

資訊放在網路上，讀者有需要再去找，這種狀況，使得圖書這項商品有的不是真正的長尾，而是時間長尾。在較長的時間裡，圖書，可以在網上的延續性反而比較久。長銷書能被賣掉的，主要的還是以博客來為主，誠品的銷售狀況，現在集中在新書暢銷書，而且兩者落差很大。誠品現在的銷售是九十五比五原則——也就是一家出版社百分之五的書種，占了它在誠品百分之九十五的營業額。譬如說，一間大出版社一周在誠品賣了一千冊的書，前面的幾本暢銷書就占了八百冊到九百冊，其他的兩百冊分布在它的幾百種書裡。但這在博客來相對比較平均。

所以一本書出版的時間越久，存在於實體書店的機率越少。每間連鎖實體書店都有迴轉率的壓力，會去計算要把哪些書退掉，不讓它占櫃；但博客來只要存書目就可以，它不一定要存書。對分眾讀者而言，可以在網上主動搜尋，訂購之後會幫他送到就好。

獨立書店的機會

不過，還有一些分眾讀者，在將來會往獨立書店移動。他比較在意活動、比較在意互動，或者在這樣的書店空間裡找書。有些獨立書店的書是精挑細選，有他選書的原則。在有限的空間裡，獨立書店的從業人員，其實是相對有能力跟前來的讀者介紹跟解釋。在一般的實體書店，這是完全不可能，尤其是連鎖書店，你可以排隊查電腦已經了不起了，如果完全不知道書名或作者，就不可能查得到。你完全不知道書名，去博客來也是查不到。

分眾讀者流向獨立書店，這中間存有一種信賴，這種信賴，將來會回到獨立書店，這在美國已經發生。這幾年，全世界的獨立書店開始復甦，當然不是很快，但是先復甦的為什麼是獨立書店，就是這個原因。

> 為讀書而讀書越來越困難，不為讀書而讀書反而容易；但就是不知道有書，訊息劣勢是出版產業致命要害。

整體而言，互聯網的衝擊，會造成「為讀書而讀書越來越困難」的現象。為什麼？因為，一般讀者如果想找書，一定是因為先知道有書，才會去買。現在在網路上買書是最不困難的，搜尋一下馬上就可以上網買，買書反而變成極其容易的事。但問題是，大部分的讀者不知道有書、不知道有什麼書。

通常我們買書的行為過程，要先引起閱讀興趣，才會完成購書；要自已先有閱讀興趣，這閱讀興趣可以是被挑起的、可以是主動形成的，他才去找。以前在實體書店發現書、引起閱讀興趣，購書，一次完成。互聯網時代，引發閱讀興趣跟買書這兩件事可以分開。如果你知道有這本書、有興趣買這本書，現在反倒沒焦慮、沒困難、沒有時間成本、精力成本，不用特別跑一趟書店，因為現在網路買書很方便，所以不會有人會對買不到書有焦慮。

但是，因為網路上現在沒有讀書資訊，對一般讀者來說，想讀書就會變得越來越困難。現在網站上有讀書資訊的欄位在哪裡？比如說在UDN網站，是在最後的幾個欄位，再加上現代人自認為不是讀書社群，為什麼會需要去看閱讀欄位？一般人沒事不會去看，也就不會知道有什麼書。今天我們在網路的生活，感覺上很自主的，但其實已經被路徑依賴了。每個人上網都有自己經常去的地方，而且通常都跟書的訊息無關。所以，在網路上看不到任何書的訊息，訊息劣勢是出版產業的致命要害。讀者不知有書，新書出來，一般大眾不會知道的。他也不去書店，他怎麼知道你有新書？

前互聯網的時代，我們倚賴平面媒體，至少偶爾翻開報紙去看《開卷》版的機會，絕對大於現在到網路去搜尋閱讀欄位的機會。所以這對出版業來講，是最大的困境。我認為不是讀者不想讀書，而是不知有書，這才是我們整個產業得面對的現狀。

二、出版業的持續生存模式

首印兩千冊模式，除非能再版，必定虧損，以書養書的時代過去了，再版書占比成了持續生存主要指標。

出版首印量下滑約三分之一

出版業有一個跟其他產業最大不同的特性是，任何一個行業，通常會希望有合理的利潤，它才會做，但出版業不一定。出版產業比較接近生存模式——怎麼走下去，對它來說比較重要，而不是賺了多少錢。它不是用理性獲利的標準來衡量，可能只是用一個「可以走下去」的標準，這叫基本生存模式。我有一個很簡單的說法：出版的目的，是繼續出版。

但如果是經銷商，我覺得就比較不可能這樣要求。書又不是經銷商出的，如果只是純粹為了活，他沒必要承擔那麼多。在產業鏈上，中游的經銷商，或者下游的書店，當然會將本求利，要有一個可獲利的基礎（這裡談的書店，是指獨立書店以外的一般書店，獨立書店並不一定是為了能自營獲利）。但是，經銷，或者是批發產業，基本上就是要獲利。

那麼，出版社可不可以不獲利而繼續存在？當然可以。出版社現在也許比以前難賺錢、難獲利，但是，賺錢對出版社來說，是指他可以向出資者負責，或者，賺到的錢，就可以繼續再投入出版。有時候出版人會說，賺錢就是指他可以出他自己想出的書的時候。出版人有時候會出一些一看就知道是虧錢的書，這是很普通、很正常的出版特性。如果純粹為了賺錢，沒有人會做出版，不論從任何角度看，這都不是一個很好賺錢的行業。

當互聯網已經變成我們很正常的生活型態之後，出版社要用什麼模式來生存下去呢？談模式就是一種model、營運型態。在後互聯網時代，因為讀者行為改變，使得過去出版業的基本模式：出書、發行、靠較多的書店陳列，在新書期間賣掉很重要的比例，剩下退回來……也有所改變。互聯網時代最大的改變是，經銷商發行的書店點大幅度減少。出版業從二〇〇〇年到二〇〇五年，假設原來全臺有兩千家到三千家有效書店點（那可能不包括獨立書店、特殊店），現在應該只剩下三分之一。

也就是說，過去出版業在很長一段時間，透過經銷商也好，直接跟書店往來也好，正常發書到全臺灣大概都可以發到兩千多本，現在因為書店減少，這個數量大概跌到一千本左右。

為什麼會有這樣的算法？基本上，實體書店不可能只發書一本，那是最沒效率的，賣完了得等另外一本來，陳列的時間就浪費了，現在最小的書店也大概會發兩本、三本，有一個陳列基本數量的僵固性。也就是說，過往，發行主要是為了陳列。而互聯網帶來什麼衝擊？

後互聯網最大的不同是，因為書店關掉發行點減少，加上博客來這麼大的網路書店卻不需要進很多書，所以你今天如果仍然印三千本，卻只能發一千本，擺了兩千本庫存，加上在正常的情況下，書如果賣得不好，兩個月後還會退書五成到八成，因此，這首印三千本的模式，已經調降到兩千本，因為只能發一千本，甚至連兩千本以下都不一定，這已經變成普通標準。基本上，出版是供給面，出版人總要給一本書一個機會，所以，如果沒有特殊的看好或不看好，就一刷印兩千本。

這就是互聯網時代出版業所面對的挑戰：首印量下滑。那會有什麼影響？

首印量減少不敷支付直接成本

最直接的影響，出一本書很有可能不敷支付直接成本。

我用一個簡單的數學模式來計算出書成本。如果一本書定價三百元、印兩千本，它的直接成本大概有哪幾個項目？有翻譯費、版權費。假設是十萬字的書，翻譯的普通行情是一千字六百塊（比較好的會到八百塊），這本書便需要六萬元的翻譯費，這是我們稱為「已經投入的成本」，無論你印一千、兩千冊，都需要支付這六萬元。第二是版稅，通常是百分之六（也有預付更高的），也就是一本書要付十八元版稅，兩千本要三萬六千元。書都還沒印，就有兩個成本產生，一共需要九萬六千元。此外，要做封面設計，大部分是外包，好一點的要兩萬元，最少也要八千到一萬元。再來，還可能有外包編輯費、校對費……等等，封面設計加上印刷、製版，假設一本書粗估的製作費用是六十元，兩千本，就是十二萬，再加上先前的九萬六千元，大概算十萬元，一共是二十二萬元，這就是直接成本。

這本三百元的書，交給總經銷的出貨價平均若是五五折，也就是賣一本書，出版社賺一百六十五元，如果兩千本都賣掉，是三十三萬元，毛利是三分之一，就是營業額三十三萬的三分之一，十一萬。這是兩千本都賣掉噢，我再提醒大家一次。

那這個十一萬要用來cover什麼，編輯的薪水嗎？編輯的薪水不夠做一本書的。他這本書沒編出來你就不付他錢嗎？這兩千本書都賣掉、不退回（不過通常這種事不會發生）所獲得的三十三萬營業額，扣掉成本也只能賺到十一萬。一般出版業的費用率，也就是薪資、房租、加上一些行政費用，平均是營業額的百分之二十五到三十。也就是說，如果這兩千本都賣掉，算是控制得好，就剛剛好一毛錢都不賺，但通常都控制不好。不過，如果這樣想，我今天有一間出版社，只有我一個人，one man show，租了一個地方，然後一個月就出一本書，這本書都可以賣掉兩千本，這個房租加上的薪水，如果可以拿到十一萬，那還不錯。

但是，因為出版業是手工業，所以很多東西很難這樣做。如果出版社規模較大、組織有要求的時候，公司可能會說，一個編輯一年要做十五本，或者少一點，一個月做一本，共十二本，萬一其中有一本書稍微難一點，他就完了。

所以，以前為什麼出版社會以書養書？早期以書養書是因為，我把書發出去、留在書店，不退回來，稱為月結制，而不是銷結。月結制我就收得到錢，而且還有書陳列在那裡。一本定價三百元的書，如果首印三千本都發出去，就會有四十九萬五千元的收入，毛利在百分之四十到百分之四十五，比較高，扣掉出版社的費用率百分之二十五，可能還賺百分之二十。因此，早期這個生態，使得出版業一直出書，因為發行是不管是賣掉或者陳列，出版社都會有收入。

因此，如果這三千本書在半年，或者一年內都可以賣掉，出版社就會習慣性地出書，可以支撐循環。但現在調降到首印兩千冊，首刷獲利剛剛好在邊緣，也不可能完全不退貨，書市目前一本書平均能夠銷售的數量，常常連兩千本都不到，要以書養書已經不太可能。

甚至，一不小心就會出一本虧一本。這跟退貨率有關。在現在的市場狀態下，平均退貨率是多少？粗估平均約三成左右，也就是說，我們剛剛談的出版發行模式，你不但賺不到任何錢，你的毛利還有可能就被吃掉了。單單就印一本書的直接成本賺百分之三十，如果退貨也剛好是三成，就等於零——「賺一個無閒」（臺語），連房租都沒辦法付。

這是現在出版業普遍面臨的基本困境。

再版書成為出版業持續生存的主要依據

換句話說，第一版首發跟賺不賺錢一點關係也沒有。我重新算一下魔術給大家聽。如果一本書兩千本賣完，我要再版一千本，需要多少成本？一本書再版的時候，只需要付印刷費跟版稅，因為翻譯費已經付掉了，版稅一本是十八元，一千本是一萬八元；印刷費，連版都不必重製，一本大概四十五元，一千本是四萬五千元，成本是六萬三千元。那麼這一千本我的收入是多少？十六萬五千元，再版書的毛利是營業額的百分之五十五到六十，對所有的出版社都一樣，那個才是他應該要去賺的，只要一再版，就確定可以賺到。

而且書有一個特性，如果前期能賣，後面就還能賣，只有極少數特別暢銷的書、太流行的，過後就沒人買。但一般書如果不是新聞、不是媒體加持，它本來就有人買的話，再版也就一定賣得完。所以，出版社未來生存的命脈，甚至公司的固定組織的費用，都應該要用再版書來養。再版書的營業額占比，就是你能不能存續下去的關鍵，因為不可能再以書養書，首印都會虧損。

> 反之，若採成本費用預算制，以書種或以年度計算為準，不論由金主支持或公共平臺眾籌群募，對小型出版或獨立出版，反而能跳脫盈虧框架，積極走下去。

未來出版的兩個極端：金主模式與群募

那麼，如果印不到兩千冊，也不可能再版，是不是出版就別做了？

如果是用預算制就可行。我們以首印兩千本的邏輯來重新計算：三百元定價，一個月做一本書，成本二十二萬，如果我決定今年要出十本書，就要付出兩百二十萬。也就是說，我把兩百二十萬的錢準備好，便可以完成這個計畫。如果我有一個一年出十本書的計畫，每一本書給自己加編輯費三萬，就是二十五萬，一年就是兩百五十萬。假如有一個優秀的編輯，提一個很棒的計畫給我，我可能就說，這兩百五十萬元，我出，你也不必來上班，把這十本書做好，要有品質要有專業，做到對得起這本書的出版，那我們就可以完全不在意賣得多少。你做書，我來發行。

一本書兩千本都賣完的營業額是三十三萬元，假如沒賣完，一本書我只拿到二十萬營業額好了，一年做完這十本書，我會拿到兩百萬的營業額，我兩百萬再交給你，你明年再出八本書——這就是出版人的想法：「出版是為了繼續出版」。雖然我出了兩百五十萬，第一年花掉了，但我回收了兩百萬，所以整個案子我只虧了五十萬。後面回收的兩百萬再拿出來，一本書的成本還是以二十五萬來計算，明年你可以再出八本書。照這個循環，可能第一年出十本、第二年出八本、第三年出六本、五本……但我總共出了多少錢？一共就這兩百五十萬，但這十本書加八本再加六本循環下去，可能到最後做了三十到四十本書。出版常常說要獲利、要回收，是因為這是他繼續出書的最好支撐。那麼，如果這中間不小心有一本書再版，收入不是更多嗎？我是不是可以出更多的書？

因此，若用成本費用預算制，以書種或年度計算為準，不論由金主支持，或者今天我提出一種因應互聯網的提案：如果臺灣有一個公共群募平臺，想做書的人，把計畫丟上來，大家願不願意支持？如果一個優秀的編輯，大家對他信任，在這個群募平臺上募集資金，大家去donate，如果剛好十個人，一人各出二十五萬，你的一年出版計畫就完成。這比較像出版本來的樣子，我們談文化活動，我們知道最早最早，音樂家、藝術家都是被供養的，都是有人出錢的，這很正常。這才是文化，它不是真的將本求利。

我認為整個臺灣對於未來的出版，要認真想這個公式。因為我們都知道，通常暢銷書，幾年後沒有人記得，或是再來的人就是不想看。它熱的另一面就是冷得快，長銷書才是真正文化傳承的意義，它是有創造性的，會比較持久。出版是創造型的產業，有時反而可以跳脫盈虧的概念。目前臺灣市場上就有很多金主模式的出版社，這些金主可能是電子業老闆，一年三百萬他覺得很小啊。剛才我們計算，一個月二十五萬做一本書是很省很省，但如果說一本書四十萬，就很夠了。一年做十二本，跟他拿五百萬，他覺得也沒什麼。到年底你告訴他，你看我做了這麼多有意義的書，他會很在意賣得好或不好嗎？

不一定會很在意，大部分願意投資做出版，都不是為了賺錢。雖然現在環境很差，我們從獲利架構所得的整整少了三分之一，如果從賺錢支撐營運的角度來講，整個出版模式變得很嚴酷，可是為什麼沒有出版社收起來？

現在，我們大概可以這樣理解，那些大的出版社過去賺夠了，現在靠的是什麼？它靠的一定是長銷書。這些長銷書一直再版，再版跟印鈔票差不多，有百分之五十的毛利，他拿這些錢來支撐做新的出版。再版的長銷書，還是一個衡量出版社生存的重要檢查指標。所以，主要倚賴當下暢銷為主的出版社，他的危機感應該會比較高，因為暢銷書的銷量只有過去的二分之一，整體營業額一定會下降。不過，通常一個出版社如果成立超過二十年，很難沒有長銷書。過去這二十年，經歷了臺灣出版百花齊放的時代，而這一段時間也是製造長銷書最多的時代。

假設一家出版集團，營業額是三億，這三億裡面如果有一億五千萬是再版書帶來的，毛利百分之五十等於賺到七千五百萬，足夠cover他全年的費用，因此，這出版社也不容易垮，離他結束還有很長一段時間。如果一間二十年以上的出版社，決定不做了，最簡單就把人全部都fire，留兩個營業人員發書、管倉庫就好，還可以活很久很久，一直到你的書完全不能動為止。出版就是這樣的行業啊，但是當然啊，如果你想賺錢，還是不要進出版業。真的太辛苦了。

猜想時報、遠流、共和國、大雁……等，整體而言，多元出版格局還在，但許多中間型知性選題恐怕會被犧牲了。

目前臺灣大部分的出版業，還是以獲利為基本支撐，但現在如果他的再版書不夠多、年限不夠長，就會面臨一些比較現實的問題。尤其是中小型出版社，如果沒有外力支撐，要完全靠自己的力量的話，過去有些他能出的書，現在就不敢再出。我認為一些比較知性、中間題材的書，過去三千本慢慢可以賣完，但現在因為首印不到兩千本，可能兩千本也賣不完的，他就得放棄。

出版其實是一個活得越久，領得越多的產業。你活得久、長銷書夠多，就能支撐，就越有機會完成夢想。有些長銷書可能只是你當初的一種念頭，最後它成為長銷書，是源自於你相信的事。所以，未來如果有些編輯是在大的機構裡面，他也許還有機會選擇夠好的書、選擇值得出版的書。就整個社會來講，出版的多元性，才是整個出版業成熟的唯一指標。種類多當然未必多元，那麼現在數量多，多元有沒有消失，才是我們觀察臺灣出版業，未來還是不是一個成熟的、發達的產業的指標。我覺得多元化消失這部分並不是那麼明顯，我當然會有憂心，一些沒有大機構支撐的中小出版社，它可能必須改弦易轍，他以前想像可以出的東西，現在可能不能出版，因為他有比較現實的問題。那有些獨立出版社，剛開始做得不錯，可能再來它就做不下去。或者偶爾只做一兩本，這個是有可能，那一些你覺得很好的出版社，也會碰到這樣的問題。

三、出版產業生態的改變

地區中盤式微，圖書經銷商要不切割物流與發行業務，要不經銷海外，要不轉型代理非書零售通路。

量變引起質變：經銷商生存基礎備受威脅

我們一般所說的，出版的上、中、下游，下游是指書店，現在當然包括網路書店，或者我們簡稱「通路」，臺灣稱通路，中國大陸稱渠道，是賣書、直接跟讀者接觸的地方；中游是指經銷商、批發，上游是出版社，這就是所謂的產業鏈。

大部分的中間商，或者稱為經銷商，它必然是以獲利為主。所以談到產業鏈的經銷生態時，大體上還是以能獲利為它的基礎。不過，在這個產業裡面，唯一有一家現在不是以商業邏輯思考、運作的，叫做友善書業合作社，所以它的組織型態就是合作社，主要是扮演一個集散仲介的角色。

作為經銷商，跟出版社批書發到各個書店，是賺折扣差。經銷商不是賺大錢，一本書能賺幾塊錢？通常，總經銷跟出版社拿貨，一本書批價五折到五五折，六五折發到書店，賺定價的一折，大概是營業額的百分之十六左右。也就是說，經銷商一個月的營業額如果有一百萬，就只有賺十六萬。現在有太多經銷商連一個月一百萬都做不到的啊。一百萬要賣多少本書啊？如果一本書定價三百塊，六五折是一百九十五元，要賣五千冊左右。假如經銷商批進來發出去的數量，不夠支撐它的人員費用，亦即，中間賺的幅度越來越小，做不下去，就得另想其他辦法。量變一定引起質變，可能到最後會連生存的基礎都沒了。

出版業有一項特性，在全世界，包括在美國也是一樣，就是，書店如果書賣不動，可以退貨給經銷商。照原價退，不用打折，所以，今天出版社發了書，不能保證會賺錢，因為它隨時都可以退。經銷商去收退書再還給出版社，他有沒有賺到錢？沒有，因為是原價退書，而且運費他得自己吸收，等於一毛錢都沒收到，還要負責把貨收回來，再送回給出版社——我們稱之為逆物流，是負數。

也就是說，如果經銷商發出去一百萬元的書，最後退三成回來，費用就會增加。因此，當一個產業急速萎縮，受出版社委託的發書數量減少、發到書店的數量減少，書店退貨的數量增加，就等於是雙面夾擊。中間商的生存基礎，一定會受到很大的打擊。所以，經銷商如果將來不靠書的批發跟經銷而活的話，就恭喜他。因為靠書真的很難活。他可以做其他經銷，書兼著做。譬如說，這些書是發到手機店，它有賣書，他負責替這些手機店賣書，發一些相關的書給它，因為手機一隻能賺到比較高的物流費，書他能賺到的很少，就順便送。這會不會是將來經銷的一種可能？會。

所以，後互聯網的出版產業生態，我有一個結論：出版的上、中、下游產業鏈，不是斷裂、斷掉，是消失，因為它的基礎沒有了。

經銷商集散功能消失

經銷商為何存在？一種是總經銷，通常代表出版社。一間出版社出了書，沒辦法自己發到這麼多書店、通路，沒辦法直接跟金石堂往來，就交給一家總經銷，他替你發書到書店。所以，他是代表出版社發書到各書店，雖然只有賺定價一成，但這個金額只要夠大，就有得賺。因此，臺灣在出版最繁榮的時代，總經銷是非常有分量的公司，像過去的農學社，都是非常大的總經銷；像大和，一直是天下文化、大塊文化的總經銷。

另外有一種是地區的經銷商。譬如說，中部地區一共有一百家書店，中部的地區經銷商，跟一百家出版社拿書，負責送貨給這一百家書店。因為這些出版社小，不可能自己發這一百家書店。地區經銷，是代表這些書店跟出版社拿書，因為書店也沒辦法跟這麼多小出版社拿書。那麼，地區經銷商為何式微？小書店減少，客戶都沒了，即使出版社很多書給他，客戶都沒了當然就沒了，就式微了。地區經銷商跟總經銷是兩個角色。書交給總經銷發，出版社就不可以自己發書。但是很多地區經銷商是可以的，出版社不一定要透過同樣的經銷商發書，有的地方有小書店也會跟出版社拿書。

所以，經銷的功能是「集散」：集貨，散發。為什麼有集散之必要？因為一百家出版社都不大，一個月可能出一兩本書；有一百家書店也都不大，他要進書。如果他們單獨往來，出版社出了這本書，這家書店跟出版社訂五本，單單運費並不划算，因為出版社只能送你一個地點。可是出版社透過經銷商，經銷商把每一家的貨加在一起，一家五本，接了一百家出版社的貨，就有五百本；他送到這家書店，這家書店可能他要的是其中二十本，或五十本，一趟車就解決了。經銷商就是一趟車出去發書，就送出去了，這叫集、散功能。這是經銷商存在的很重要的原因。

互聯網，對這個經銷體系帶來什麼衝擊？在互聯網來之前，有一件事情對總經銷或地區經銷帶來一些衝擊，就是連鎖書店崛起。

物流與資訊流分離的時代

所以，通常大出版社跟連鎖書店會先建立直接往來關係，慢慢的，中型的他也會直接往來。為什麼直接往來越來越容易，一個很重要的原因是，互聯網來了之後，物流跟資訊流分離。物流純粹是送貨，當經銷商變成只是物流的時候，中間商的功能就不見了。

早期的經銷商是等書印好，這批書就直接從印刷廠送到總經銷，總經銷把這批書根據配量發到各書店，由他來分配。最早沒有出版社到通路報品這件事，他只有到總經銷報品，總經銷會決定發多少本出去。但後來總經銷變成，你要我發多少本我就發多少，就塞貨，賣不完書店會退貨。最後倒霉的是誰？出版社嘛。因為你印多了，退貨率會變高。總經銷退貨又沒懲罰，反正一輛車全部一起收回來，也比較簡單。收貨就把你的帳扣掉，然後就再把這些貨還給你。所以是說，早期因為比較沒有退貨，你經銷商配多少貨，我書店就收多少貨。

早期總經銷，在臺灣我稱之為供不應求的時代，就是想讀書的、想買書的人多很多，出書的速度追不上，所以基本上，書發到書店，它大概都賣得掉，所以他會跟你結帳，只有零星可能最後賣不完退給你，退貨率不高。他最怕什麼？拿不到書。所以經銷商最強勢，總經銷最大，還可以懲罰書店，天下的書在我的手裡，你這家書店不聽話，我天下的書不發給你。

第一個使得總經銷的集散功能受到考驗，是連鎖書店。連鎖書店開始有所謂的「報品」，亦即，出版社的編輯接下來兩個月要出什麼書，就先到書店簡報，書店採購衡量之後下量。尤其是金石堂有採購預算，因此要分配哪種書要進多少。所以，連鎖書店的資訊流跟物流就分開了。當連鎖書店跟大出版社直接往來時，出版社的行銷工作、企劃，都得跟連鎖書店一起做。在臺灣，連鎖書店是真正開始推廣店面行銷的，用比較商業的行銷手法：貼海報、有統一的CI，甚至連商品用的條碼都是從金石堂開始的。因此，這便是出版產業鏈中游受到的第一個打擊：連鎖書店不需要經銷商。

第二個，就是當互聯網來了以後，資訊的傳遞更方便了。邏輯上我也可以不必報品，提供新書資料就可以了。所以現在有各種規格的書籍資料，連小書店都可以說，請出版社提供新書資料，再決定下多少量。因此，經銷商的集散功能，某種程度只剩下物流。

經銷商未來的活路：切割發行與物流兩種業務、海外發行

接著，後互聯網時代，最主要的影響就是實體書店倒閉，這會徹底衝擊到中間商的生態。我認為互聯網之後，這個產業鏈會直接消失，因為沒需求。有兩個問題，一個就是說，資訊的部分，連最小的書店要訂貨也拿得到資訊啊，它其實只有物流規格的問題，所以像友善書業，就是解決物流規格的問題。

那麼，就開始有圖書經銷商，將發行與物流兩個業務切割，就我所知聯合發行公司，它的物流是農學社，總經銷做發行的，還是叫聯合。也就是說，經銷業務替出版社發書，但是物流另外跟出版社算，原來經銷商的集散功能就不那麼重要，就不見了。

此外，比較大的經銷商還可以走另一條路：海外發行。把繁體字的中文書，發到幾個地區，香港、美加地區，以及馬來西亞。海外退貨不容易，大部分做買斷，比較不會有逆物流。

或者說，經銷商所鋪的海外點，可以讓他退貨，但一年只能讓他退營業額的百分之多少，書店取貨的時候，自己要計算一個比例，通常是百分之二十左右。香港最大的書店集團，叫做聯合集團，就是三聯、中華、商務印書館的集團，他們在臺灣自己跟出版社採購，談好年退多少。到了年底，他會跟旗下的書店說，盤點哪些書賣不掉要退給出版社，但是不能退超過發貨金額的某個百分比。我現在說的這個是海外發行，因為集散還是不容易，經銷商就會有角色。

書店想賣非書，非書店想賣書；兩相結合就是新業態。出版社也想跨界其他文化商品，在新業態中可以順勢而為的。

經銷商開發非書賣場

書店賣非書，非書店賣書，可行嗎？COSTCO賣不賣書？家樂福賣不賣書？賣。再來藥妝店會不會開始賣書？咖啡店會不會開始賣書？所有的店，只要是連鎖系統，不管是哪一種型態的店，都可以賣書。實體店在零售時代，不管任何產品，都被非實體店，也就是虛擬店分流。這是未來可能的生態：連鎖實體店，供應生活型態所有的東西，像是傳統的百貨店、寶雅，J-Mart等等，裡面什麼貨都有。咖啡連鎖可不可能擺一排書？所以，經銷商，其實有另一個出路，是開發非書賣場。

以COSTCO的書區為例，中文書恐怕不到一百種，但COSTCO並沒有配圖書的單一採購，出版社每個月出這麼多書，他只能選一百種，誰幫他找書？經銷商。現在就有三個經銷商是他的供應商，專替COSTCO挑合格的書。出版社跟這些經銷商報品，推適合COSTCO的書種，經銷商整理之後再跟COSTCO報品，讓他挑，挑到了，一次進三、五百本，比整個金石堂進得還多。

這時候，經銷商是代表哪一種角色？選書。實際上，任何連鎖店的採購都不懂書，書太複雜了，所以經銷商就有角色。出版社一個月出幾千種書，那他怎麼選，一定要有經銷商替他選，這是未來經銷商可能走的路：替非書連鎖採購書。

書店想賣非書

在後互聯網時代，書跟非書之間，開始出現混合的狀態。以誠品來說，它的核心是書店，其他賣場在周圍，用這個核心來招徠人進來，但它周邊賣場的效益更大。他得去經營一個商場，是一種書店賣非書的概念。這種狀況我們其實並不陌生。

過去，早期小書店的形成過程中，先是雜貨店，才慢慢變成書店。雜貨店賣什麼？文娛商品：兒童玩具，文具，卡片，這一類的東西，就像現在所謂的文創商品。就商業的角度來說，書店想賣非書，非書店想賣書，線上線下都是：博客來想賣非書嘛，PChome Online想賣書。

所以我認為，沒有所謂書的產業鏈了，你不能說書店是我們的產業鏈，不，他一心想最好不是你的產業鏈，我能賣其他東西比較好，利潤比較高，回頭兼賣你的書。現在誠品書店的圖書營業額，可能只占誠品生活的四分之一，所以書已經不是主業，零售才是，我稱為零售業態轉型。那麼，博客來叫書店嗎？沒有人會希望自己只叫書店。我說的是商業邏輯，這是關於書店的部分。

出版業跨界非書出版？

接著，出版社要不要賣非書？要不要出非書，可不可行？有什麼是出版社可以做的非書。

這幾年流行的鋼筆書，就是標準的非書商品；或者是畫畫書、著色書，有時候還附鉛筆、色鉛筆，這當然是一個模式，不見得長期可行。最近有一本書經常在博客來的即時榜上，是日本UNIQLO社長柳井正寫的，出版社把它出成一本筆記本。因為字很少，所以就把書的內容放在中間，把它做成筆記書，叫《經營者養成筆記》，就好像誠品每年出的月曆、年曆書一樣。那本書賣上即時榜，它是商品，就是筆記本，你可以在旁邊寫你的感想。

這就是出版社做非書的想法，也是一種可能，可能性很多，筆記書是其中一個，或者健康書順便賣彈力帶；算命的、星座，兼賣牌卡、占卜道具……等等，還有許多還沒有完全開發完的產品可以去想。

後互聯網時代，圖書通路結構生態越形固著，出版產業似乎未蒙其利先受其害，感覺被遺棄了。如何在網路新媒體環境中找到適應之道，找回訊息優勢，業界的努力是遠遠不夠的。形勢已到谷底，不會再壞了，明天過後，老派文化勢必回溫，誰說不可能再起？

以商業化的角度而言，出版社未來不見得要自我設限，有很多可能，未必不可。因為，現在的讀者，可能有一半是「業餘身分」，不是專為書來的。這類讀者本來就是流動人口，隨波進來的，跟人家約在誠品，就順便進書店，逛一逛。出版的上、中、下游都可以想非書的事，這是在這個互聯網時代有可能的發展。

圖書產業生態的上、中、下游，所面對的互聯網衝擊，大體上，臺灣要靠通路賣書這件事情，大致比十五年前縮小三分之一以上，因為單單書店、店頭陳列的地方，空間就少了一半以上，人潮又減少，不過，找不到短期的解方。因為書只能透過書店賣，或者透過網路賣，可是臺灣的網路，規模太小。網路的特性就是，它規模越大，建置成本越低，所以現在要再投入網路很難，要有一定規模才能支撐。

以中國去年的圖書產業規模來比較，一共是七百五十億人民幣的營業額。去年是中國出版市場一個黃金交叉的時間點，就是網上的營業額首次占到百分之五十，而臺灣的比例大約維持在網路百分之三十，實體百分之七十之間，後者還縮小了。在這個結構裡，博客來並沒有一直在成長，就大到這樣規模而已。臺灣網路占比百分之三十不會再成長，在網上要做到一定規模，需要有足夠的網民採購支撐，但實體書店又受限於實體書店的規模。

也就是說，臺灣圖書通路的結構生態，出現一個固著的狀態：出了新書，就只能透過現有的這些管道曝光。因此，現在的短期解方，我只能稱為抱團求暖：賣書的多賣一點非書，看看能不能打平、share 一點坪效，找到零售新的生態，這是臺灣目前的狀況。

第三方推薦與客評經濟

在這樣的網路時代，不為讀書而讀書反而容易。一般大眾不小心買一本書，通常都不是他真的想讀書，而是他在偶然的狀態下，接觸到書的資訊。比方說長輩貼文、轉貼，就

或者呂秋遠的網站，他有天介紹一本書，讀者可能就會去買那本書，這叫做第三方推薦。去買一本。或者，有可能是因為你常去的網站、或者知名網主的網站，比方說工頭堅、

另一種是客評經濟。這不只是圖書，像是3C，有所謂3C達人做客評、開箱文。未來出版業，必須花時間在這上面去突破。我覺得現在年輕人比我們想像還喜歡看書，問題是他不知道有什麼書。如果朋友、別人介紹，接收到訊息，他就會去買。不要去怪現代人不讀書，這是結果，不是原因。他每天的生活接觸不到書的訊息，怎麼會去買書？

因此，現在賣書，要回到讀者的視線範圍才有機會。也就是說，出版人得走出舒適圈，你得重新從每一個人的世界進入，要主動去找他。對出版人來講，你得改變訊息形式，因為書訊現在沒人想要，你得變身、找到他會有興趣的方式跟他接觸。要脫離舒適圈、脫離同溫層的方式，就不能一直在臉書粉絲專頁、官網上，或者只知道買網路廣告交差了事。

基本上，我是認為有三個重點要注意。一是尋找新的新聞格式，使得網民有興趣去讀一本書。再者，網路的傳媒生態，跟過去的傳統傳媒生態是不一樣的，出版業得去觀察、適應。現在網媒發酵的方式不一樣，它不是數量、不一定是大媒體，它會引起注目的動機、形式，不一定一樣。也會有出版業想要靠網紅，網紅基本上就是名人效應，但網紅本身到底靠什麼收入持續？他能靠介紹書維生嗎？達人介紹書有沒有用，這主要還是看有多少人矚目。

到後互聯網時代，你已經不能拒絕、也不能否認，也不能排斥它了。它就是生活中的一部分。我認為出版產業本質沒有變，只是你要走出舒適圈——過去的舒適圈，必須學著去努力，讓讀者能夠注意到我們出了一本書。那這個工作誰做？沒有人會替你來做，你要自己做，在網上做。

馴字的人
寒冬未盡的紙本書出版紀事

書名 馴字的人：寒冬未盡的紙本書出版紀事
作者 虹風 李偉麟 游任道 陳安弦
攝影 王志元 許閔皓 吳欣瑋
美術設計 吳欣瑋 torisa1001@gmail.com
總編輯 劉虹風
責任編輯 游任道
出版 小寫出版－小小書房
負責人 劉虹風
地址 234新北市永和區文化路192巷4弄2-1號1樓
電話 02 2923 1925
傳真 02 2923 1926
官網 http://blog.roodo.com/smallidea
電子信箱 smallbooks.edit@gmail.com

總經銷 大和書報圖書股份有限公司
地址 248新北市新莊區五工五路2號
電話 02 8990 2588
傳真 02 2299 7900
印刷 崎威彩藝有限公司
初版 二〇一七年八月
ISBN 978 986 91313 4 6
售價 五八〇元

國家圖書館出版品預行編目(CIP)資料

馴字的人：寒冬未盡的紙本書出版紀事
李偉麟等著．
-- 初版．-- 新北市 ： 小小書房，
2017.08
320面 ；14.8×21公分
ISBN 978-986-91313-4-6(平裝)

1.出版業 2.訪談

487.78933 106010503